J. CRAHAY

CHASSE

AUX

PETITS OISEAUX

SUIVIE D'UNE

NOTICE SUR LE ROSSIGNOL

Et d'une Note de M. Eymard sur la *Chasse aux filets*

PARIS

LIBRAIRIE CENTRALE D'AGRICULTURE ET DE JARDINAGE

Rue des Écoles, 62 (ancien 82), près le Musée de Cluny

— Auguste GOIN, éditeur —

CHASSE

AUX

PETITS OISEAUX

MANUEL DU TENDEUR

PARIS. — IMPRIMERIE DE E. MARTINET, RUE MIGNON, 2

Son goût et son parfum sont des plus délicats ;
C'est l'avis des gourmets et c'est aussi le nôtre ;
Mais pour celle des bois ne soyons pas ingrats,
Et mangeons l'une et l'autre.

(*La Grive*, par Ch. Jobey.)

J. CRAHAY

CHASSE

AUX

PETITS OISEAUX

SUIVIE D'UNE

NOTICE SUR LE ROSSIGNOL

Et d'une Note de M. Paul Eymard
sur la *Chasse aux filets*

Deuxième Édition

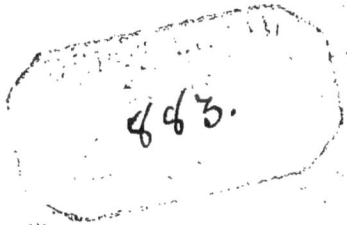

PARIS

LIBRAIRIE CENTRALE D'AGRICULTURE ET DE JARDINAGE

RUE DES ÉCOLES, 62, PRÈS LE MUSÉE DE CLUNY.

— AUGUSTE GOIN, ÉDITEUR —

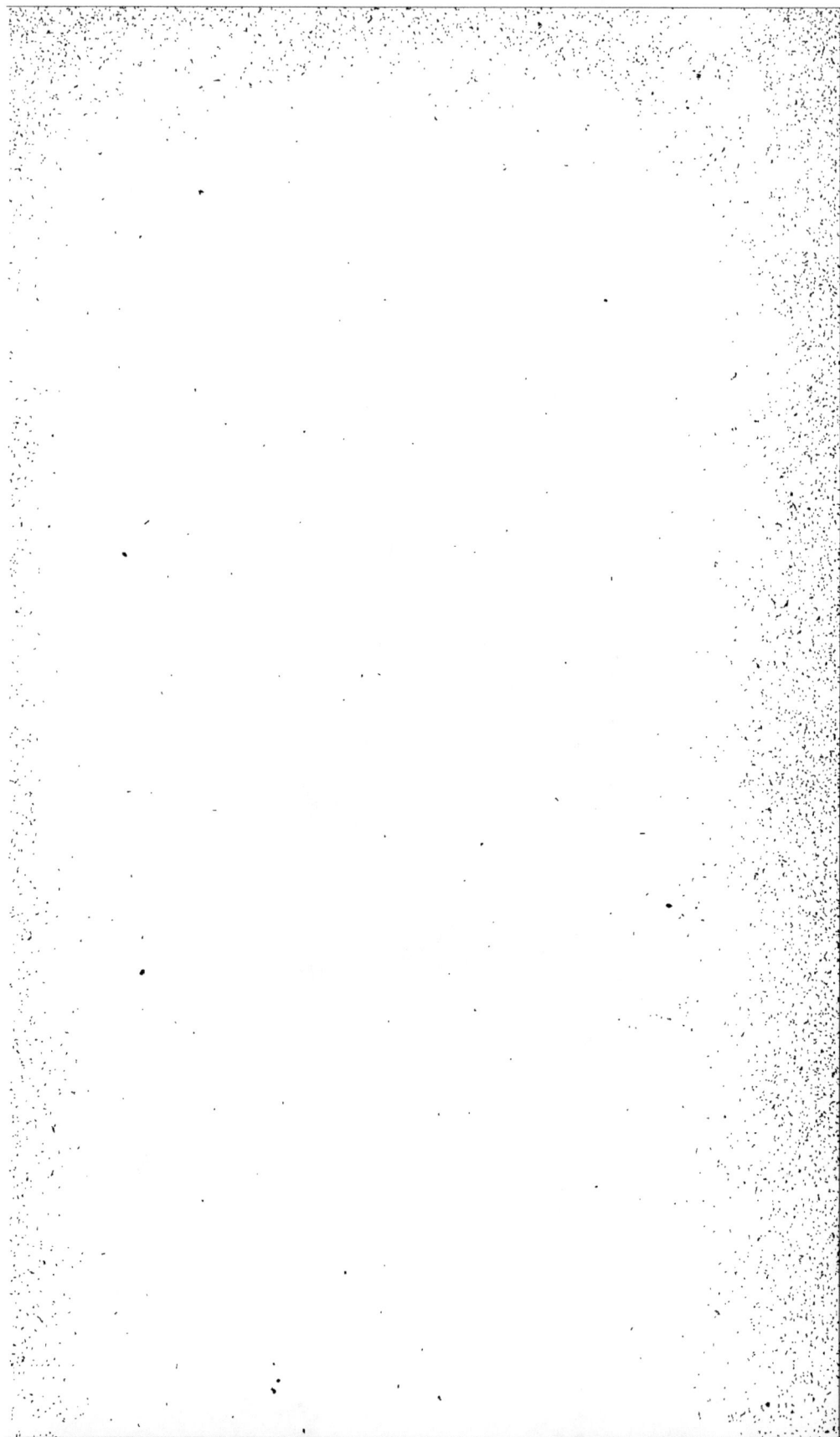

AVANT-PROPOS

D'autres traités plus savants, plus com-
plets, ont été écrits sur la matière; mais la
chasse aux oiseaux diffère suivant les contrées où l'on s'adonne à ce plaisir, et les
ouvrages dont nous parlons, généralement publiés à l'étranger, ne peuvent
guère s'occuper de la tenderie telle qu'on
la pratique en Belgique, telle surtout
qu'elle est en usage dans le pays de Liége.
Ces ouvrages ont en outre, à notre avis,

le défaut d'être trop spéciaux et trop dif-
fus, de ne s'adresser, pour ainsi dire, qu'à
une catégorie de *raffinés*. Ce petit opus-
cule, au contraire, a, croyons-nous, le
mérite de présenter de la tenderie dans
notre pays un tableau que nous avons tâ-
ché d'animer, de rendre amusant, et de
mettre à la portée des profanes. Nous
nous sommes spécialement attaché, en
outre, à classer chaque chose dans l'ordre
que nous croyons qui lui convient.

Dans ce petit *Manuel du Tendeur*, nous
avons eu pour but de décrire le plus briè-
vement et le plus succinctement possible
les diverses manières de chasser les oiseaux des différentes espèces, et les engins
de chasse indispensables. Mais ces engins
sont nombreux, les préparatifs de la tenderie sont longs à raconter. Nous croyons
cependant n'avoir consacré à cette partie,
la plus aride de notre sujet, que le nombre
de lignes strictement suffisant pour mettre
notre récit à la portée de ceux de nos lec-

teurs qui pourraient n'être pas au courant des détails de la tenderie.

Nous aurions pu dire aussi quelques mots de la tenderie aux grives, laquelle, comme on sait, se pratique au moyen de lacets. C'est, il est vrai, un genre de chasse qui pouvait se trouver dans ce manuel, mais nous n'avons eu en vue que la tenderie aux filets.

Ces quelques pages, que nous offrons sans prétention au public, sont donc le rapide récit de ce qui se passe à cette chasse, enrichi de quelques anecdotes glanées un peu partout. C'est, en quelque sorte, l'entretien d'un tendeur, jeune et inexpérimenté encore, avec un public généralement connaisseur. Tout le monde, dans notre pays surtout, connaît un peu la chasse aux oiseaux, mais un bien petit nombre de personnes ont, dans ce genre de chasse, l'expérience de nos pères, qui vivaient, il faut bien l'avouer, dans des temps meilleurs, et pour qui la tenderie

1.

n'avait pas les déboires, les dégoûts, pourrions-nous dire, des temps présents. A mesure que l'oiseau devient plus rare, l'oiseleur se multiplie; c'est ainsi que chaque année la chasse aux oiseaux tend à cesser d'être véritablement un plaisir, après avoir été une passion. Qu'y faire? Ne pourrait-on, d'une manière sérieuse, protéger la reproduction des espèces? Nous appelons sur ce point l'attention des autorités. Il est temps, dans l'intérêt des plaisirs de tout le monde, d'apporter remède à l'état actuel des choses.

En France, il existe un arrêté qui punit les dénicheurs d'oiseaux. Nous nous associons de tout cœur à la sollicitude de nos voisins pour ces intéressants volatiles, et nous engageons les autorités compétentes de notre pays à imiter ce bon exemple. A ce propos, nous verrions avec plaisir qu'on interdît aux enfants de se faire un jeu de la destruction des nids d'oiseaux; nous nous réjouirions davantage encore, si l'on défendait strictement aux oiseleurs de profiter de la saison des amours pour tendre un piége doublement cruel et perfide à nos aimables chanteurs.

Dans l'intérêt bien entendu des tendeurs, on le comprendra facilement, la tenderie devrait être close au printemps. En effet, si, au mois de mai ou au mois de juin, vous capturez ou détruisez un couple d'oiseaux, c'est en même temps supprimer deux nichées, c'est-à-dire huit ou neuf individus, et quelquefois davantage, selon les espèces. En outre, fort peu d'entre les oiseaux faits prisonniers au printemps parviennent à supporter la perte de leur liberté, quelque soin qu'on leur prodigue. Laissez donc venir la bonne saison, l'automne, avant de tendre vos filets ; que les parents, que les instituteurs punissent les enfants dénicheurs, et soyez certains que le gibier deviendra plus abondant.

On pourrait aussi, dans le même but,

envoyer, à l'occasion, quelques plombs à l'adresse des oiseaux de proie et des chats sauvages qui ne sont que trop nombreux, et qui se permettent de détruire les couvées des petits volatiles de nos bois et de

nos bocages. Leurs déprédations autorisent à les tuer pour leur apprendre à vivre, si je puis m'exprimer ainsi, et c'est faire une bonne action que de punir le brigandage. C'est du reste d'un bon exemple.

Cela dit, nous entrons en matière en réclamant un peu d'indulgence de la part de nos lecteurs.

CHAPITRE PREMIER

Il n'est point de pays où la chasse aux filets, tenderie aux petits oiseaux, soit en plus grande estime qu'en Belgique, et particulièrement dans notre belle et pittoresque province de Liége. Riches et pauvres poussent l'amour des oiseaux jusqu'à la passion. Le pinson, la linotte, l'alouette, la grive, sont les commençaux des hôtels et des chaumières, les chanteurs aimés de l'ouvrier et du propriétaire. Cette passion se transmet de père en fils, et l'on voit ici des générations qui professent depuis des siècles le culte des oiseaux, et, par conséquent, celui de la tenderie, ou l'art de les prendre. C'est dans le sang liégeois. On naît oiseleur dans notre province, et, à l'époque de l'émigration des oiseaux, il n'est presque pas d'individu qui, le nez en l'air, et l'oreille tendue, ne cherche, dans le domaine des airs, à suivre les grandes *volées* de fins et de gros becs que l'instinct pousse en septembre du Nord au Midi. Alerte alors, oiseleurs, tendeurs, amateurs d'oiseaux, la chasse aux filets va commencer. Cette chasse attrayante mérite bien qu'on lui consacre une petite notice qui offrira au moins quelque intérêt à un grand nombre de personnes de nos contrées.

La chasse aux oiseaux avec filets ou autres engins de l'espèce remonte aux premiers âges du monde. Cependant, on ne saurait préciser, pour cette chasse pas plus que pour les autres, la date certaine de son invention. On attribue l'importation de cette manière de chasser, en Europe, à

Ulysse, qui lui-même l'avait apprise des Troyens.

La chasse aux oiseaux a eu d'augustes adeptes, des empereurs, des rois, des princes... voire des ecclésiastiques, à qui elle était permise, alors que la vénerie leur était défendue par le concile de Tours. Un évêque ne pouvait tuer un lièvre d'un coup d'arquebuse, parce qu'il y avait sang répandu, mais il pouvait très-bien mettre le pouce, passez-moi le mot, à un infortuné becfigue.

Ce genre de chasse compte aussi ses fanatiques. Pour notre part, nous connaissons de ces passionnés amateurs, gens du meilleur monde, qui, du 1er janvier au 31 décembre, ne rêvent que filets, appeaux et chanterelles, et qui ne vous abordent qu'avec une invention nouvelle, un filet de 5o à 6o mètres de longueur, de nouveaux ressorts, des paillassons plus confortables. Ils ont reconnu de nouvelles routes d'émigration des oiseaux, des *passages*, comme on dit en langage de tendeur, étudié la meilleure manière de disposer les filets, observé l'influence des vents. Parlez-leur pluie et beau temps, sciences et arts, parlez-leur agriculture ou industrie, ils n'entendent ces choses qu'au point de vue de leur plaisir favori.

La tenderie a eu ses excentriques, ses célébrités, et l'on raconte qu'un oiseleur en renom, collectionnant tous les vieux filets hors d'usage, ordonna qu'après sa mort on l'y ensevelît. Sa recommandation fut religieusement exécutée par ses héritiers, qui trouvèrent le système d'inhumation fort économique.

D'autres amateurs ont été jusqu'à présenter des pétitions aux assemblées gouvernementales, pour faire appliquer aux chasseurs aux filets la loi du permis de port d'armes. C'était un moyen d'en conserver aux riches le monopole, tout en assurant la conservation des petits volatiles de tendrerie. Heureusement, les gouvernements furent plus sages que les amateurs.

Les oiseleurs, dans les temps anciens, jouissaient de priviléges et d'immunités qui furent souvent l'occasion de conflits et de procès. Les jugements motivés qui intervinrent, et qui tous étaient en faveur des chasseurs d'oiseaux, ne sont pas la chose la moins curieuse, et nous regrettons de ne pouvoir en reproduire ici quelques spécimens, ce qui nous entraînerait trop loin.

En France, vers 1697, la communauté des oiseleurs eut ses règlements. Pour avoir le droit de chasser et de vendre des oiseaux, il fallait être reçu maître-oiseleur. Ceux qui exerçaient ce métier sans diplôme ni autorisation étaient passibles de la confiscation de leurs appareils et de cent livres d'amende.

Plus tard, il y a progrès en tout, le commerce des oiseaux fut déclaré libre, mais, le 3 septembre 1776, la *Table de Marbre* fit un règlement destiné à réprimer les abus de la chasse aux oiseaux. Il fallait se faire inscrire, recevoir une permission, ne prendre ni cailles, ni faisans, ni perdrix, et la communauté des oiseleurs devait toujours lâcher quatre cents oiseaux le

jour de la Fête-Dieu, au sacre du Roi et à son entrée dans Paris; c'était la condition *sine qua non* de son existence.

De tout temps, le chasseur a peu prisé les plaisirs de la pêche. Un pêcheur et un chasseur, c'est l'eau et le feu. La pêche et la chasse sont deux plaisirs essentielle-ment distincts, et pour ainsi dire opposés. Par exception, on peut voir des pêcheurs s'adonner aux plaisirs de la chasse, par occasion et par désœuvrement. Il n'est pas malaisé de reconnaître en eux des pro-fanes, à leur air ennuyé et plus encore à leur maladresse. La chasse, comme la pê-che, demande une aptitude spéciale, et ces deux passions sont pour ainsi dire exclu-sives l'une de l'autre dans le cœur de l'homme. Ce serait extraordinaire de voir un chasseur prendre la ligne à la main, et, sur le bord de l'eau, suivre patiemment le mouvement des flots emportant le fil à la dérive. Un tel fait serait inouï dans les an-nales de la chasse, et les confrères d'un tel chasseur ne le regarderaient que comme un apostat, car la chasse, aussi bien celle des petits que des gros oiseaux, a toujours été un culte.

Mais revenons à notre sujet. Il en est grand temps, car voici l'époque où l'oiseleur fait ses derniers préparatifs. Il répare ses filets, les reteint dans une décoction préparée avec l'enveloppe fibreuse qui recouvre la coque de la noix, s'ils ont blanchi sous l'influence de la pluie ou de la rosée de l'année précédente. Il visite ses cages, nettoie ses appeaux chargés de vert-de-gris ; il se munit de chanterelles et de graines pour les oiseaux qu'il conserve. Il ajuste des sambéyères, confectionne des corcelets, coupe des crochets, et s'occupe des mille détails qui doivent le mettre dans de bonnes conditions dès la première apparition des oiseaux émigrants. Que de plaisirs l'oiseleur éprouve en faisant ces apprêts ! Que d'heures fortunées passées entre ses filets et ses cages ! Enfin, sa place est prête dans quelque champ de chaume.

Le jour heureux arrive, l'oiseau paraît à l'horizon, c'est l'heure du berger, de la tenderie. L'oiseleur se lève avant le point

du jour, donne à manger à ses oiseaux,
nettoie l'abreuvoir et y met de l'eau fraîche. Il prend ses barres au moyen desquelles il porte le sac contenant les filets.
Il dispose ses cages le long d'un châssis
appelé, pour cette raison, porte-cages,
prend une carafe d'eau, une gourde bien
remplie d'eau-de-vie, une couple de tar-
tines qu'il met dans sa carnassière. S'il est
fumeur, il n'aura garde d'oublier son ta-
bac et sa pipe, car le besoin de fumer le
tourmente davantage à la tenderie que
partout ailleurs.

Tout cela est très-bien, mais que le tendeur nous permette de lui donner un conseil en passant. L'oiseleur aura soin que,
dans ses cages, l'abreuvoir soit disposé
à l'intérieur et de façon que l'oiseau ne
puisse le renverser; cet abreuvoir doit
avoir de préférence la forme d'un syphon,
afin que le volatile puisse s'y baigner.
Ceci est une simple notion d'hygiène que
l'on ne doit pas méconnaître, sous peine
de voir les oiseaux devenir malades, souil-
ler leurs plumes, se charger de vermine,

et gagner des chancres aux pattes et à la racine du bec.

Dans le but d'entretenir ces jolis chanteurs dans l'état de santé le plus parfait, vous devez aussi mettre au fond de leurs cages du sable de rivière, afin qu'ils puissent aiguiser leur bec et se nettoyer l'estomac. N'oublions pas de dire que la mangeoire ne doit pas se trouver du même côté que l'abreuvoir.

Les abreuvoirs doivent être en verre, et non en fer-blanc ou en zinc, car le métal, en se décomposant au contact de l'humidité, corrompt l'eau et cause ainsi la diarrhée aux oiseaux. Pour les en guérir, il faut d'abord, et avant tout, faire disparaître la cause du mal. Lorsque vous aurez mis à leur disposition un abreuvoir en verre comme nous venons de le conseiller, vous n'aurez qu'à jeter dans l'eau un clou en fer, et l'y laisser quelques jours seulement. L'eau ferrugineuse les guérira promptement.

Les cages seront munies de perchoirs en bois, pour que les oiseaux puissent s'y poser. Ce bâton doit être, de préférence, en sureau dont on ôte la moëlle. Voici pourquoi : les oiseaux sont toujours incommodés par de petits insectes ; cette vermine se réfugie ordinairement dans les parties creuses du sureau. Alors, on enlève les bâtons, on les secoue, la vermine tombe et on la tue. Ce n'est pas plus difficile que cela. Les oiseaux qui sont atteints de cette incommodité sont faciles à reconnaître. Ils deviennent lourds, ne lissent plus leurs plumes, et finissent par ne plus chanter. Ils ne perchent plus sur leur bâton pour dormir.

Pour empêcher l'envahissement de cette vermine, il faut avoir soin, plusieurs fois pendant l'année, de laver les cages à l'eau bouillante.

On détruit ainsi, non-seulement les insectes, mais même leurs œufs, qui se trouvent dans les jointures des planches et les cavités vermoulues. L'oiseau vous en saura gré et vous récompensera de ces soins.

A la tenderie, les cages des oiseaux

percheurs doivent, non pas être enter-
rées, comme on le fait généralement dans
nos campagnes, mais être suspendues à
65 centimètres environ du sol, au moyen
d'une planchette assez solide pour résister
au vent. Il est à remarquer que ces oiseaux sont alors plus gais ; l'humidité a,
sur leur organisation délicate, une influence pernicieuse qui d'abord leur cause
des indispositions graves, et souvent les
conduit au trépas.

Lorsque vous partez pour la chasse,
placez votre porte-cages à terre, et posez
d'abord la première rangée de cages, en
ayant soin de mettre tous les abreuvoirs
du même côté et du côté du chasseur
lorsqu'il porte les cages : l'oiseau, fuyant
le contact de l'homme, ira près de la mangeoire, et les gouttes d'eau qui s'échap-
peront ne le mouilleront pas. Couvrez
vos cages d'une toile verte, pour que vos
oiseaux ne soient pas effarouchés par les
personnes ou par les bêtes que vous ren-
contrerez. Une toile cirée serait même
préférable ; si vous êtes surpris par un

orage, elle garantira vos oiseaux de la pluie.

Vous devez aussi vous munir d'un tambour, car c'est une chose indispensable. C'est là que vous renfermez les oiseaux pris nouvellement, et que vous voulez conserver en vie. Si vous les mettiez tout de suite en cages, ils se blesseraient, en voulant s'échapper, et effrayés sans cesse par la présence de l'homme. Ce tambour se compose d'un feutre de couleur foncée, orné d'un filet sur les bords supérieurs. Certains chasseurs se servent aussi d'une grande cage, où ils laissent ensemble les oiseaux de diverses espèces, mais le premier moyen est préférable. Il y a des familles d'oiseaux qui n'aiment pas à vivre ensemble; mieux vaut les séparer. Quelques-uns sont gourmands et dévorent la part des autres, d'autres sont méchants et querelleurs et blessent ou tuent quelquefois leurs confrères prisonniers.

Si nous insistons sur les soins à donner aux oiseaux, c'est que nous savons que l'oiseleur aime avec passion ces agréables chanteurs, et que les petits soins qu'il leur donne serviront, mieux que tout, la conservation de l'objet de sa prédilection. Ces soins, surtout dans le commencement de leur captivité, sont indispensables aux oiseaux. Combien n'avons-nous pas vu périr de ces charmants volatiles, victimes de la négligence ou de l'ignorance des gens au pouvoir desquels le fatal destin les avait confiés !

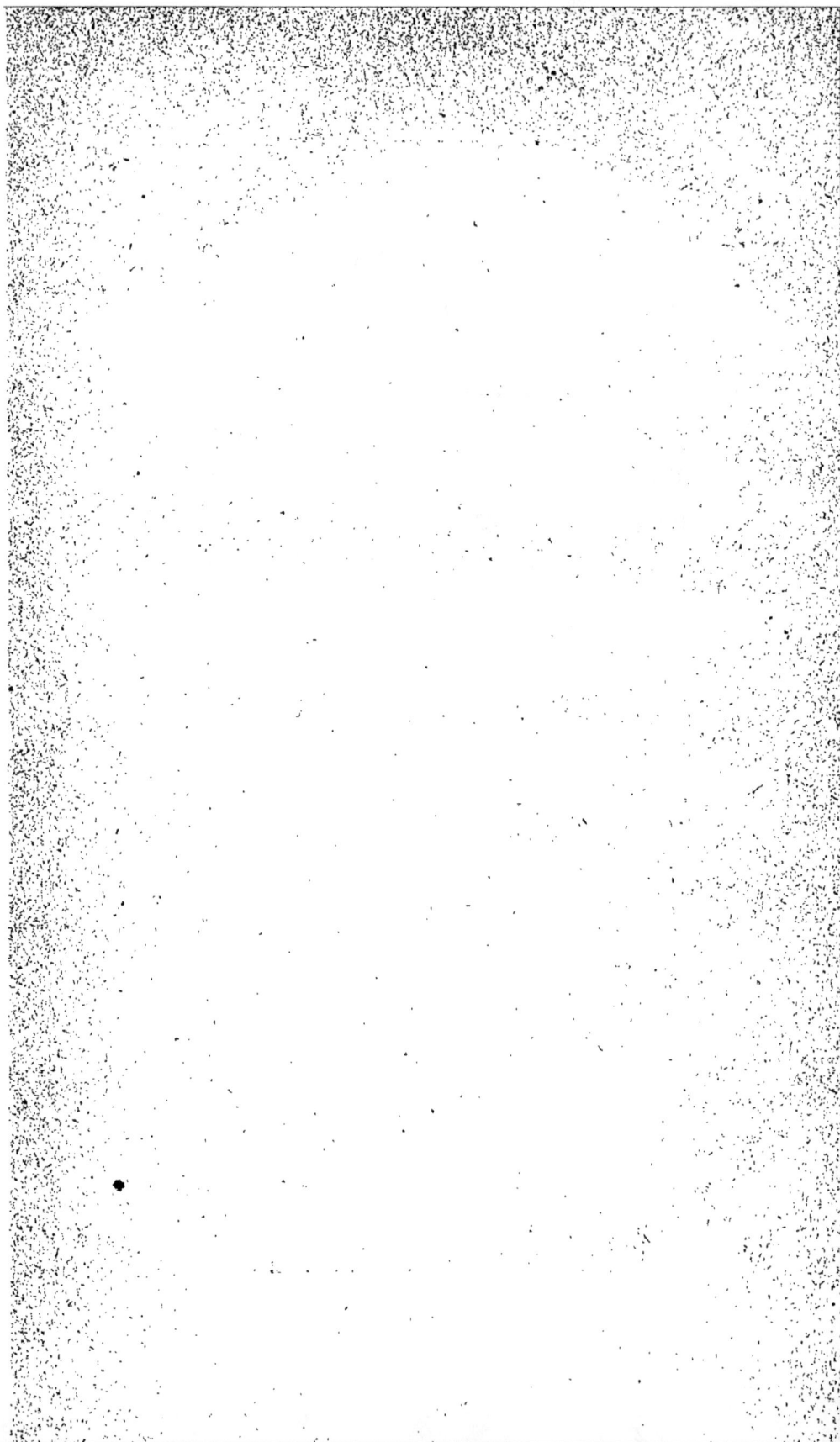

CHAPITRE II

La chasse aux filets se fait de nos jours, et selon les pays où elle est pratiquée, de plusieurs manières entièrement distinctes. En France et en Allemagne, l'art de prendre les oiseaux ne se ressemble qu'en fort peu de points, et est en outre tout différent de ce qui se passe chez nous.

Les grassets ou gros-pipits et les bergeronnettes sont les oiseaux dont le passage a lieu immédiatement après la rentrée des céréales. On les prend ordinairement le long d'une rivière ou d'un ruisseau.

Il est bon d'avoir, pour cette tenderie, de la verdure dans le filet. Un semis de navets, par exemple, est une très-bonne chose. Cette chasse n'est réellement productive que dans de rares endroits. Nous ne nous y arrêterons donc pas plus longtemps.

L'ortolan est l'oiseau de passage qui, le premier, se met en route. Mais, dans la province de Liége, nous ne connaissons guère que de nom, ou pour l'avoir vu figurer sur les menus des riches festins, l'ortolan de vigne dont parlent, l'eau à la bouche, les gourmets de tous pays et les heureux tendeurs qui ont la bonne fortuns d'en prendre. L'ortolan que l'on prend sur les rives de la Meuse, en Belgique, c'est l'ortolan de montagnes, qui habite principalement la Westphalie et quelques autres provinces de l'Allemagne australe. Cet oiseau commence sa migration dans les premiers jours de septembre, et la continue pendant une quinzaine. Il ne voyage généralement qu'en petites compagnies. On en prend peu à la

2.

Farlouse des prés.

tenderie. Sa chair, sans avoir le fumet aussi exquis, aussi parfumé que celle de l'ortolan de vigne, est cependant fort estimée.

Dans notre province, la tenderie aux farlouses des prés [1] ou becfigues va commencer ; cet oiseau de passage traverse ordinairement nos campagnes, se dirigeant vers le Midi, pendant la dernière quinzaine de septembre et la première d'octobre; les pinsons, les verdiers commencent leur migration une huitaine de jours plus tard, et enfin arrivent les allouettes. Ces oiseaux se divisent donc en quatre catégories, et c'est par une exception fort rare que la place que l'on a choisie, pour tendre ses filets, puisse convenir pour la chasse de deux de ces catégories. Nous donnerons en conséquence les indications nécessaires pour le choix des places, selon le genre d'oiseaux que l'on veut chasser.

[1] En automne, les fruits sucrés que mange cet oiseau l'engraissent singulièrement, et donnent un goût très-délicat à sa chair : on le recherche alors sous les noms de *Becfigue* ou de *Vinette* (Le Maout).

La place des filets où l'on se propose
de prendre les farlouses ou becfigues
doit être choisie sur la partie la plus éle-
vée d'une campagne, et autant que possible être éloignée des terrains nouvellement ensemencés.

On prend aussi avec les mêmes filets,
lorsqu'ils se trouvent placés à proximité
d'un ruisseau, quelques rares hochequeue ou lavandières[1] et bergeronnettes;

[1] Les Lavandières sont communes et sédentaires en France;
elles forment de petites troupes qui vivent aux bords des eaux;
elles vont souvent par paire, s'appelant et se réclamant sans cesse

Hochequeue ou Lavandière.

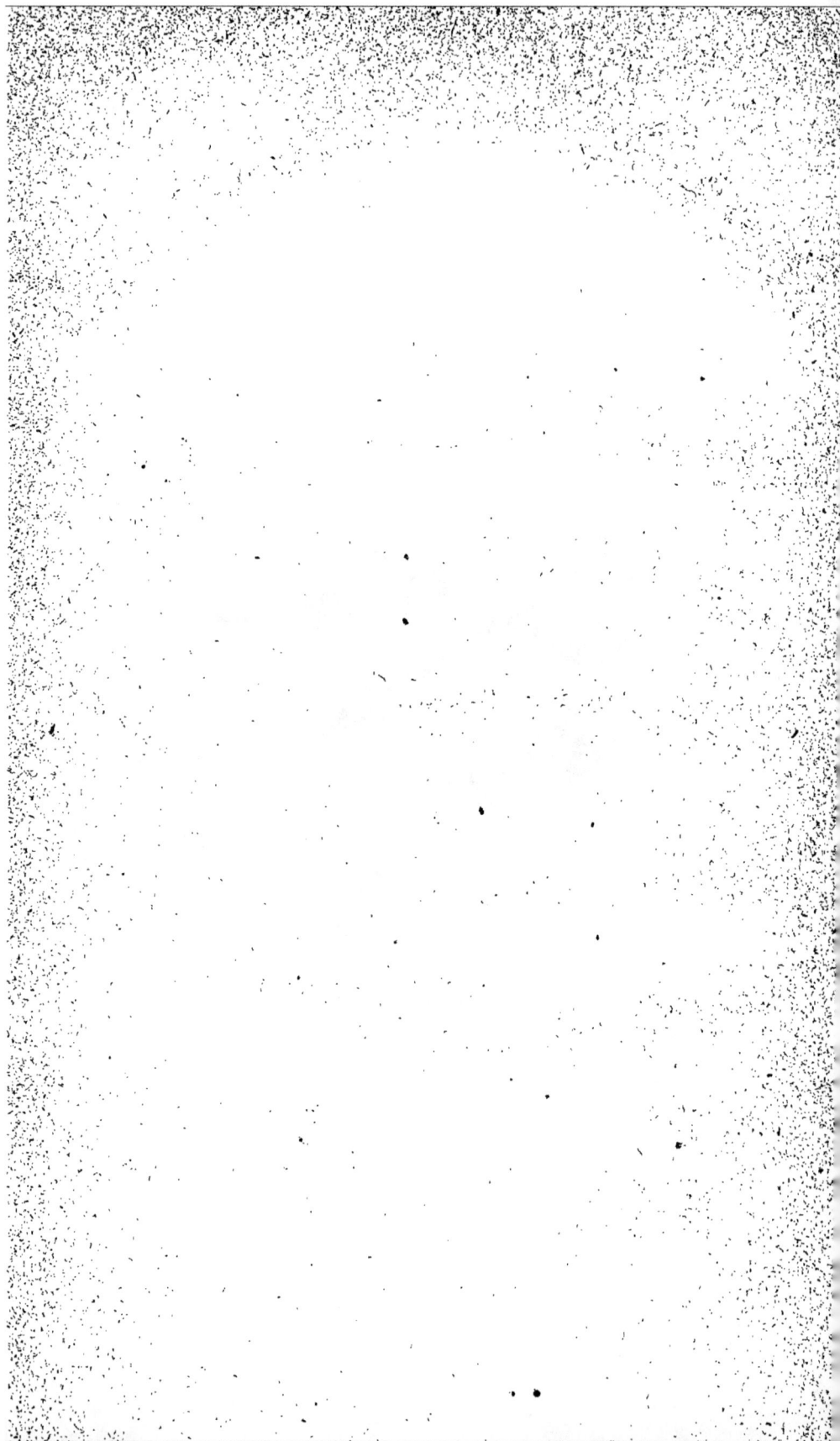

mais la place de tenderie pour ce genre
d'oiseaux est sur le bord d'une rivière
où, en passant, ils cherchent leur nourriture.

Après avoir préparé le terrain, comme
nous l'avons dit précédemment, on con-
struit la cabane ou baraque du chasseur
à une quinzaine de pas des filets. Cette
cabane est formée d'une haie composée
de branches d'arbres touffues, recourbées
à la hauteur de 1 mètre à 1 mètre 20 centimètres, disposées circulairement et assez
épaisses pour dérober le chasseur aux
regards des oiseaux, et le garantir du
vent froid qui règne souvent dans la saison de la chasse. Elle ne doit contenir
que l'espace nécessaire au chasseur. C'est

en volant. Outre le cri d'appel *bist-bist, bist-bist,* elles en ont un
autre, vif et redoublé, d'un timbre net et clair, par lequel elles
semblent prononcer *guit, guit, guit, guit.* Rien de plus gai, de
plus léger, de plus gracieux, de plus élégant que les allures de ce
petit oiseau : sa longue queue qu'il élève et abaisse sans cesse,
quand il est posé, lui a fait donner le nom générique de *Hochequeue;* mais le peuple, le voyant fréquenter le bord des rivières,
courir rapidement sur la grève, et imiter avec sa queue le va-et-
vient continuel du battoir des blanchisseuses, autour desquelles
il se promène familièrement, comme s'il voulait étudier leurs
gestes, lui a donné l'épithète, beaucoup plus explicite, de *Lavandière.* (Le Maout, *Histoire naturelle des oiseaux.*)

un moyen d'en exclure les bavards, épou-
vantail des oiseaux. A l'intérieur de cette
cabane, on relève la terre en une motte
assez haute pour servir de siége, et sur
laquelle on met des paillassons pour se
préserver de l'humidité. Deux ouvertures
sont ménagées, l'une du côté du nord,
afin de n'être pas surpris par l'arrivée
inattendue des oiseaux, l'autre vers le
midi, dans la direction des filets, pour
que l'oiseleur puisse voir ce qui se passe
de ce côté.

Entre les deux nappes, sur la partie
qu'elles doivent recouvrir lorsque l'oiseleur les fait jouer, on laboure le terrain,
on y sème des graines et l'on plante quelques choux verts.

N'oublions pas de dire que les filets
doivent être tendus vers le midi, ou plutôt vers le sud-sud-est, car c'est le vent du
sud qui convient le mieux au passage de
ces oiseaux, et la direction du vent a l'influence la plus grande sur le résultat de la
chasse.

On dessine alors sur le terrain préparé

la place que les deux nappes du filet de-
vront occuper parallèlement, et entre lesquelles on ménage un espace au moins de
la largeur approximative d'une des nappes.
Quatre barres, bâtons ou guides, d'environ 2 mètres de longueur, et d'une épaisseur de 25 millimètres, se placent à chaque
côté des nappes dans le sens de la largeur, et supportent le filet. Deux de ces
barres doivent être moins longues que la
largeur du filet aux farlouses; on comprendra aisément, en effet, que, si les
nappes du filet étaient tendues dans le
sens de la largeur, elles feraient l'effet de
raquettes, et tous les oiseaux qu'elles tou-
cheraient, en se repliant, seraient jetés
hors du filet. Ces barres doivent être le
plus droites possible et en bois d'orme, de
frêne ou de coudrier; elles sont terminées
à un bout par une rainure dans laquelle
passe la corde côtière, c'est-à-dire celle à
laquelle le filet est attaché au bord exté-
rieur, et qui le fait agir. L'autre bout de
la barre est garni d'un petit cercle de fer
pour en assurer la solidité, et d'une pointe

3

de fer ayant la forme d'une S, recourbée dans le sens horizontal, de manière à former un angle droit avec l'extrémité de la barre.

Aux quatre coins intérieurs du filet, on enfonce en terre, au moyen d'un marteau en bois, quatre planchettes munies d'un trou circulaire assez large pour y introduire la pointe en fer de la barre, et celle-ci, aidée par ce point d'appui, soutenant la corde tendue et soutenue par elle, se trouve être ainsi, avec le tirant dont nous parlerons tantôt, le ressort qui fait mouvoir la machine.

Cinq pieux solides, et de préférence en bois de chêne, de la longueur de 1 mètre approximativement, sont ensuite poussés en terre jusqu'à moitié de leur longueur, et surtout jusqu'à ce qu'ils soient fixés de façon à pouvoir résister aux efforts qu'exercent les boucles des cordes sur ceux qui sont en avant de la cabane, et les efforts du chasseur sur ceux qui se trouvent par delà les nappes, et autour desquels il enroule la corde lorsqu'il tend le filet. Deux de ces pieux se trouvent à peu près à égale distance de la cabane et du filet ; ceux qui sont placés au delà de ce dernier, conservent entre eux la distance qui sépare les nappes, dont ils sont éloignés de 4 mètres environ.

De cette façon, lorsque le filet est tendu, il représente un parallélogramme assez régulier.

Le cinquième pieu est fixé en terre derrière la cabane, lorsqu'on ne tend qu'à un seul filet ; au centre de la cabane et muni d'un anneau en fer, lorsqu'il y a plusieurs filets. C'est autour de ce pieu qu'on enroule le tirant.

Le tirant est une corde qui, à une distance de 2 mètres à 2 mètres 50 centimètres des nappes du filet, se divise en deux branches, dont l'oiseleur assujettit chacune à la corde qui forme la garniture du filet, et à la partie supérieure des premières barres. Il est muni d'une poignée en bois que le tendeur soulève un peu en l'attirant à lui, lorsque les oiseaux se trouvant dans le piége, il veut les emprisonner

dans ses filets. Le tirant est ensuite attaché, comme nous l'avons dit, au cinquième pieu derrière la cabane.

Le filet doit aussi, dans le sens de la
largeur, à l'intérieur des nappes, être
maintenu à terre par des crochets ordinairement en bois, placés de distance en
distance. Le crochet est un petit morceau
de bois coupé au-dessous de la naissance
d'une branche, d'à peu près même force
que la tige principale, et gros comme le
petit doigt tout au plus. Quand le filet est
tendu, c'est-à-dire lorsque la côtière, d'a-
bord engagée par la bride dans un pieu
au-dessous des nappes, est déployée ainsi
que la nappe qu'elle supporte, et qu'elle
est serrée au pieu correspondant derrière
le filet, placée ensuite sur les barres;
quand la nappe se trouve ainsi déployée,
disons-nous, l'oiseleur prend en mains le
battant de la corde, le soulève, et fait retomber le filet, qui se replie comme pour
recouvrir les oiseaux. On arrange alors
la nappe dans sa largeur, de manière à
faire disparaître les plis, sauf vis-à-vis de

la ramée, où l'on doit ménager une bourse. On plante ensuite les chevilles, en conservant entre elles la distance de deux enjambées, et en les plaçant sur une ligne droite.

Le battant est la partie de la corde depuis les barres jusqu'au point d'attache. C'est cette corde que l'on prend en mains pour retourner les filets, lorsque après les avoir tirés, on a pris ou tué les oiseaux attrapés.

Dans l'aire du filet, vers le bas, se trouve la sambéyère. La sambéyère est formée d'un morceau de bois arrondi de 33 centimètres de longueur, muni de chaque côté d'une gorge dans laquelle passe une ficelle attachée à une petite cheville fichée en terre. Du milieu de ce bois, part une baguette d'environ 50 centimètres; cette baguette est elle-même maintenue par une autre ficelle au bout de laquelle est encore un crochet, et qui limite à un axe de 75 degrés le parcours qu'exécute la sambéyère, lorsqu'on la fait mouvoir au moyen d'un autre fil qui part de la cabane du chasseur, passe sous le tirant, et vient s'adapter au même endroit de la baguette.

Nous sommes heureux d'en avoir fini avec tous ces détails de cordes et de ficelles, et vous, ami lecteur?

Cependant, si l'énumération de tout ce qui compose un filet est chose fort ennuyeuse à conter ou à lire, nous promettons d'apprendre à nos lecteurs, dans un prochain chapitre, la manière de prendre de ces oiseaux à la chair délicate, et que beaucoup de palais, même des plus fins, apprécient justement.

CHAPITRE III

Promesse, c'est dette.

Qui paie ses dettes s'enrichit.

Dans le précédent chapitre, après avoir fatigué nos lecteurs de détails minutieux, et que, nous avons décrits avec le plus grand soin pour l'intelligence de ceux qui ne sont pas initiés aux habitudes de la chasse aux filets, nous avons promis de prendre des oiseaux. Nous sommes bien capables de tenir notre promesse.

Le crépuscule enveloppe encore l'horizon dans le sombre manteau des froids brouillards d'automne; l'herbe est tout humide de la rosée du matin; mais l'oiseleur, plus matinal que l'aurore, arrive déjà avec son nombreux, pesant et embarrassant bagage. Dix minutes lui suffisent pour arranger son filet, remettre de l'eau dans l'abreuvoir des oiseaux, dresser le sambé, etc.

Quelques rayons de soleil viennent enfin adoucir l'atmosphère et dorer l'horizon à l'orient; le vent qui souffle est propice; les oiseaux se mettent en route.

L'oiseleur est au poste, l'appeau à la bouche, le fil de la sambéyère à la main, immobile comme un terme, l'œil fixé sur sa proie qu'il appelle en imitant son cri et en faisant voltiger le sambé[1] lorsqu'il peut être aperçu de l'oiseau ou des oiseaux convoités, et qui tombent alors dans la direction des filets.

---

[1] Le sambé est l'oiseau attaché par la patte ou par le corselet à la baguette (ou *galère*) de la sambéyère, et qu'on fait voleter en tirant la ficelle, lorsque la compagnie d'oiseaux de même espèce que lui est sur le point d'arriver à la hauteur de la cabane de l'oiseleur.

Dès que le tendeur s'aperçoit que ces petits volatiles filent vers le piége, et avant qu'ils arrivent au-dessus de la cabane, il n'agite plus le sambé, qui est visible à ce moment pour ses confrères. Les oiseaux vont se poser sur la ramée ou plus souvent sur le sol, dans le semis ou les choux verts. Les voilà pris! D'un effort aussi vif que rapide, le chasseur tire le filet, qui de ses mailles recouvre les prisonniers. Les deux ou trois premiers captifs sont conservés vivants et mis dans une grande cage pour, à leur tour, être revêtus d'un corselet et servir de sambé, lorsque le patient qui remplit ces fonctions sera fatigué ou ne voltigera plus au gré de son maître.

Le corselet est un petit appareil formé par une double ficelle, garni d'un nœud par en haut, et de deux autres nœuds par en bas, ces derniers assez rapprochés l'un de l'autre. Il se compose donc de quatre branches réunies par les deux bouts. Entre deux de ces branches, on passe, d'un côté, d'abord une aile et ensuite une patte, et l'on agit de même pour les autres membres de l'oiseau. Celui-ci se trouve donc emprisonné par ce réseau, qui toutefois lui laisse à peu près toute la liberté de ses mouvements. Au bout de corde séparant les deux nœuds qui se trouvent au-dessous de la poitrine, est ensuite attachée la ficelle qui garnit le bout de la sambéyère.

Ce qui vaut mieux encore que de la ficelle pour confectionner le corselet, c'est de la peau souple, par exemple celle de vieux gants. On en coupe deux petites lanières que l'on croise sur le dos du volatile, et qu'on réunit par en bas avec un brin de fil. Les corselets de peau ont sur ceux de ficelle l'avantage de ne pas avoir de nœuds, et d'être ainsi beaucoup plus commodes pour la toilette du prisonnier.

Certains chasseurs inhumains ont la cruauté d'attacher par la patte les oiseaux qui leur servent de sambé; mais, outre qu'ils préparent à ces pauvres petits oiseaux d'atroces souffrances, souvent une mort cruelle, l'appareil fonctionne infiniment moins bien qu'avec l'inoffensif corselet.

Mais revenons à la cabane, car, dans le lointain, voici venir d'autres pèlerins qu'il s'agit d'arrêter et de prendre.

Vite les appeaux, vite la sambéyère.

Tous les oiseaux ne se laissent pas leurrer ; quelques vieux grognards, échappés d'autres piéges, ayant pour eux l'expérience des ans, avertis du danger, font en passant un pied de bec à l'oiseleur, et lestement continuent leur chemin.

D'autres se jettent autour du filet.

Il faut à l'oiseleur un compagnon, un rabatteur (les gamins de nos campagnes sont fort amateurs de l'emploi) qui prenne le large et aille faire lever·la compagnie en la rabattant du côté du filet, sans trop l'effrayer, et qui ait soin, après cela, de fuir en sens contraire ou de se tenir coi. Mais, le plus souvent, les oiseaux qui, de prime abord, ne prennent pas le chemin du filet, sont difficiles à prendre, et l'oiseleur, essoufflé de les avoir vainement appelés et maudissant le sort, reprend sa pipe qu'il avait déposée auprès de lui, et qui vient de s'éteindre.

Le tendeur, plus que tout autre homme, plus même que tout autre chasseur, vit avant tout d'espoir.

Entêté au superlatif, malgré Dieu et les vents contraires, il reste à la tenderie, sauf à s'y morfondre et à retourner bredouille. La pluie seule l'arrête, parce que la pluie détériore ses filets et fait rompre les cordes qui les garnissent. Le tendeur ne craint pas le mauvais temps ; aussi le voit-on quelquefois, par un froid sibérien, grelotter dans sa cabane, la goutte au nez, le visage livide, la casquette enfoncée jusqu'au cou pour cacher ses oreilles, et affublé comme un habitant des régions glaciales. Et lorsqu'un malheureux petit oiseau tombe dans ses filets, ses doigts tremblent tellement de froid, que ce n'est plus avec le pouce qu'il le tue en lui écrasant la poitrine, mais à coups de poing.

Il arrive parfois, lorsqu'on tire le filet,

que les nappes se rencontrent à la hauteur de la côtière, se croisent et ne recouvrent pas l'oiseau ou les oiseaux qu'on se croyait sûr de prendre. C'est la faute du chasseur. Il doit, quand il lie le tirant, ne pas laisser aux deux cordes la même longueur, mais raccourcir la branche destinée à faire mouvoir la nappe qu'il veut faire retomber la première.

Mais asseyons-nous, j'entends le cri d'une farlouse des prés. La voici ! Les appeaux l'invitent à descendre, elle écoute, regarde et obéit ; elle est cependant encore incertaine, mais je lui montre le sambé, elle se décide, elle tombe, elle est à moi.

Après l'avoir tuée, on retourne les filets, et l'on rapporte le menu gibier auprès de la cabane.

Il y a de ces jours de chasse heureux entre tous, où l'on prend de ces petits oiseaux jusqu'à douze douzaines, et pendant lesquels l'oiseleur conserve constamment l'appeau à la bouche, la poignée du tirant à la main. Comme il est affairé ! Le voyez-vous sans cesse courir à perdre haleine, de la cabane au filet, et du filet à la cabane ! Sanglante hécatombe ! Les oiseaux morts s'entassent les uns sur les autres, et c'est avec le sourire sur les lèvres, la joie au cœur, que l'homme contemple les innocentes victimes de ses ruses, de sa passion destructive...

Midi sonne, l'après-dînée arrive ; à une heure le passage est interrompu : la chasse est finie pour ce jour-là. On pourrait la recommencer à trois heures, mais elle ne serait pas productive. Après un repos de quelques heures, l'oiseau reprend sa course, mais n'écoute guère l'appeau ou s'amuse dans les haies.

L'oiseleur replie ses filets, remporte ses bagages.

Le produit de la chasse est remis aux mains du cordon-bleu de la maison, qui en fait de délicieux rôts, car c'est un manger exquis et que certains palais délicats préfèrent aux autres espèces de petits oiseaux, voire à l'alouette.

Lorsque la saison de la chasse est bonne, l'oiseleur partage le gibier qu'il

détruit avec ses amis : le vrai chasseur
n'est pas égoïste. Il chasse pour le plaisir
de chasser, et non pour en tirer profit ni
gain. A ses yeux, l'oiseau tué et rapporté
au logis a bien perdu de sa valeur ; ex-
ceptons-en le cas, cependant, où il a l'occasion d'en faire goûter à des visiteurs.
Mais, pour Dieu ! qu'il est hâbleur alors
sur le chapitre de la tenderie !

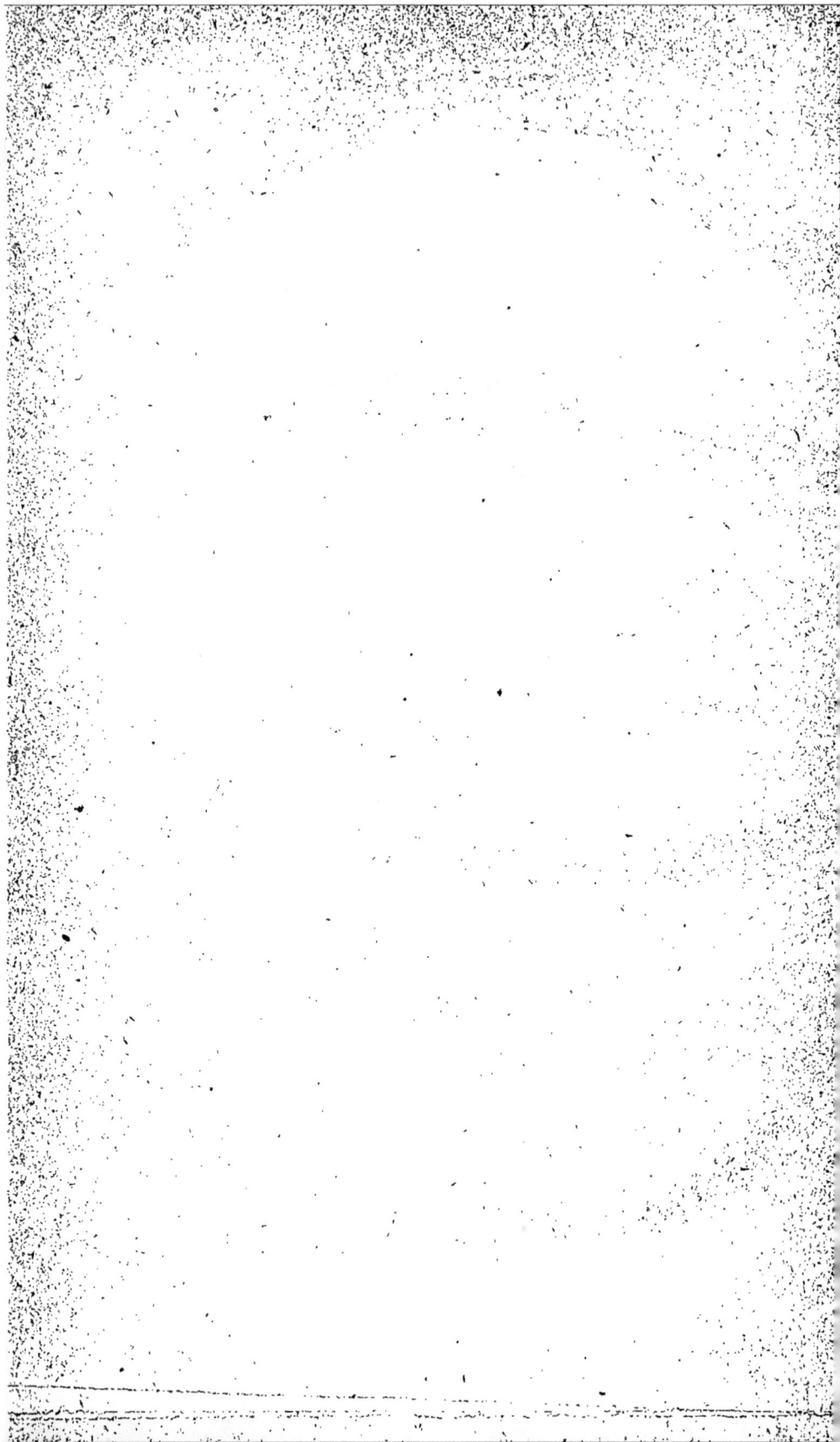

CHAPITRE IV

La chasse aux pinsons. — Les filets. — Les chanterelles. — Les souris. — La galère. — Chasseurs anciens et chasseurs modernes. — Égards dus aux cheveux blancs.

Nous n'en avons pas fini avec le chapitre de la tenderie. Après avoir dépeint tant bien que mal les péripéties de la chasse aux farlouses, nous allons essayer d'esquisser la chasse aux pinsons, puis, celle aux alouettes.

Ne vous effrayez pas, lecteur, nous serons aussi bref que possible en tâchant toutefois d'être clair et concis.

C'est maintenant que la chasse va présenter le plus d'attraits. Plaise à Dieu que nous puissions dire la chose comme elle le mérite !

La place des filets pour la chasse aux pinsons doit se trouver non loin d'un bois, ou à proximité d'une haie.

Les filets aux pinsons, comme ceux pour prendre les farlouses des prés, ont ordinairement de 25 à 27 mètres de long sur une largeur de 2 mètres 40 centimètres environ. La disposition des filets est tout à fait la même que celle indiquée précédemment.

Quelques petites branches d'arbres vivaces plantées dans l'aire du filet, attirent ces oiseaux. On les dispose en haie de 2 ou 3 mètres de longueur, et d'environ 40 à 50 centimètres de hauteur seulement, afin qu'elles n'empêchent pas les nappes du filet de bien se recouvrir, ce qui permettrait souvent à l'oiseau de s'échapper, au grand désappointement du chasseur.

La haie est, en quelque sorte, un appas pour les oiseaux percheurs; elle convient parfaitement au moineau franc, que

Pinson.

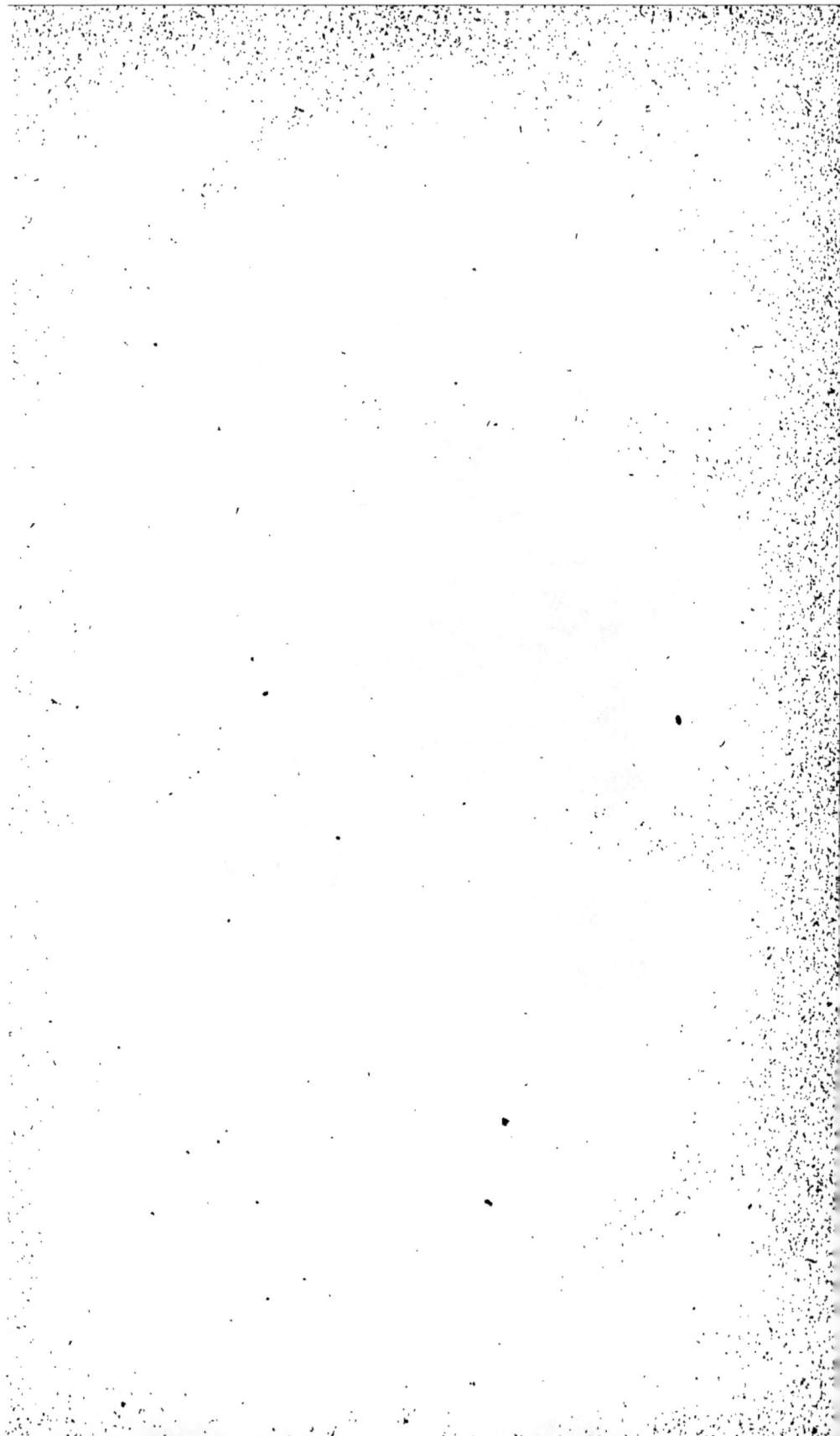

sans cela on a beaucoup de peine à prendre; au pinson d'Ardenne, au pinson ordinaire, au verdier, à la linotte, qui viennent parfois s'y poser par compagnies entières.

Lorsqu'on plante les crochets vis-à-vis de la ramée, on doit le faire de manière à ce que le filet puisse retomber librement, et former voûte au-dessus de la ramée.

Ce n'est pas seulement le pinson que l'on prend ici, c'est la linotte, c'est le verdier, c'est la farlouse des prés, c'est le moineau franc, c'est le sizerin, c'est... une foule d'autres petits oiseaux.

Pour prendre ceux-ci, il importe d'avoir, dans des cages disposées autour du filet, des pinsons, des linottes, des moineaux. Ces trois espèces sont suffisantes. Le pinson appelle le pinson ordinaire et le pinson d'Ardenne; la linotte appelle la linotte, le sizerin et quelquefois le verdier, pour lequel cependant on pourrait avoir un appelant de son espèce; le moineau appelle le moineau.

Cependant, le chapelet à grains de cuivre concaves, l'appeau, en un mot, sert encore utilement ici pour la linotte, pour la farlouse surtout.

Il est bon aussi de laisser dans l'aire un certain nombre d'oiseaux morts; on les dispose de telle façon, que les passants ne puissent reconnaître des cadavres dans leurs confrères immobiles.

On se sert également avec avantage de *souris* pour appeler les pinsons.

Une *souris*, dans le jargon de l'oiseleur, c'est un pinson auquel on a recoupé les ailes et qu'on lâche dans la direction des filets, en le gardant à vue, quand les autres arrivent à petites distances et avant qu'il soit temps de montrer le sambé.

Quelquefois on dispose dans le filet une baguette nommée *galère*, fichée en terre par les deux bouts, un peu au-dessus de la sambéyère, et à laquelle est attaché, par le corselet, un oiseau que l'on destine à devenir sambé.

L'arrivée des pinsons est annoncée presque toujours par les chanterelles, c'est ainsi qu'on appelle ceux qui sont dans les cages. Le tendeur, ainsi prévenu, procède comme nous avons dit à l'égard de la *souris* d'abord, de la sambéyère ensuite, puis du filet... s'il y a lieu.

Il arrive à la tenderie, et assez souvent, certains petits mécomptes aux chasseurs inexpérimentés. C'est ainsi qu'une *volée* de linottes passe jusqu'à trois ou quatre fois au-dessus du filet sans descendre à portée, ou même passe à portée et que le coup est manqué, le filet étant tiré ou trop tôt ou trop tard. Ce désagrément, les malheurs se suivent de près, est souvent accompagné de l'arrivée intempestive d'autres oiseaux. Pendant qu'il se hâte de relever ses filets, l'oiseleur se morfond de son mieux, et lorsque, haletant et caché dans la cabane, il appelle en vain les bipèdes ailés, ceux-ci sont déjà trop loin pour l'écouter, ou l'ont aperçu disposant ses engins meurtriers.

Le chasseur d'oiseaux, hâbleur des mieux conditionnés, est aussi un vaniteux de premier ordre. Vous l'entendez rarement, pour ne pas dire jamais, confesser sa maladresse; c'est le sort qu'il maudit lorsqu'il revient bredouille, c'est à lui qu'il rapporte la honte des coups manqués.

Dans certains jours de passe nombreuse, un tendeur habile fait un butin qui varie de dix à douze douzaines d'oiseaux, et à ce genre de chasse, plus souvent qu'à celle aux farlouses, les bons jours sont fréquents.

Mais comme depuis quelques années ce gibier de plume devient rare! Écoutez plutôt les récits de ces vétérans de la chasse et leurs lamentations, lorsque, cédant par habitude à leur ancienne passion, ils prennent encore le chemin de la tenderie. Quel amer chagrin, quel profond dégoût ils éprouvent en comparant leurs succès de jadis aux déboires présents!

Dans le cœur de ces chasseurs, à côté de l'amertume amassée par les mauvaises années, il est pourtant encore un grain de philosophie. Vienne une matinée fruc-

tueuse, et dites-moi si c'est un vieillard,
cet homme que vous voyez courir d'un
pied léger, lorsque les oiseaux sont pris
dans le filet, et dont la joie illumine le
visage et rajeunit les traits.

Des anciens oiseleurs aux jeunes chasseurs modernes, quelle différence! Un
abîme les sépare. Les appeaux dans la
bouche des jeunes gens d'aujourd'hui,
c'est l'instrument d'un artiste renommé
entre les mains d'un joueur d'orgue de
barbarie. Aussi, les premiers disent-ils
des seconds qu'ils font peur aux oiseaux,
et, en vérité, ils n'ont pas tort.

Au reste, si vous êtes chasseur, prenez
beaucoup d'oiseaux ou prenez-en fort
peu, peu importe si vous êtes content.
Surtout, consolez-vous des lazzis des
Nestors de la chasse, et respectez leurs
cheveux blancs. L'expérience, en toutes
choses, arrive avec les années. Lorsque
vos confrères étaient encore novices,
étaient-ils plus adroits que vous ne l'êtes
vous-même? Les mauvaises années ont
aigri leur caractère. Tenez compte de

4

l'amertume de leur âme au souvenir d'un passé si glorieux, et si, de votre côté, vous revenez le carnier vide, souhaitez-leur une meilleure chance.

CHAPITRE V

La chasse aux alouettes est la grande, la belle chasse par excellence. A elle les émotions, les péripéties, les battements de cœur fréquents, continuels. Il faut être chasseur pour comprendre ce qui se passe dans l'âme de cet homme caché au centre d'une petite cabane où le froid le saisit, malgré la ramée et les paillassons de chaume. L'oiseleur oublie, dans ses heureux moments, tous les soucis et tous les plaisirs de la vie. La passion de la chasse s'empare de son cœur, à l'exclusion de tout autre sentiment, et celui-là qui, naguère dans sa boutique, s'occupait de déballages et d'expéditions, de mercerie, de cotonnade ou de quincaillerie, n'a plus d'intelligence que pour la tenderie.

Si, pour ses péchés, Dieu lui envoie pour compagnon de plaisir quelque parleur insipide, de ces gens pour qui le mouvement perpétuel de la langue semble être un problème résolu, le tendeur devient bourru et hargneux. Malheur à celui qui, par des mouvements ou des discours intempestifs, effraie l'oiseau qui allait se faire prendre et qui fuit à tire-d'aile ! Il n'y a pas d'expression pour peindre la colère du chasseur, et la fureur de ses emportements.

Pour en revenir à nos oiseaux, nous ferons remarquer que, pour la chasse aux alouettes, les filets ordinaires ont une longueur de 3o mètres sur une largeur de 3 mètres, et que les mailles du filet sont un peu plus larges que pour les autres espèces d'oiseaux, ces derniers étant plus petits.

On peut, quand la dépense n'arrête pas, chasser avec des filets en soie; ils sont très-légers; c'est un avantage, mais il faut, pour les tendre, un endroit bien préparé, car ils ne seraient pas d'une longue durée.

Ici encore, on peut constater depuis peu d'années un progrès assez notable. Il n'est pas rare de rencontrer des filets d'une grandeur double de celle des filets ordinaires dont il vient d'être parlé, et que l'on tend au moyen de ressorts. Il ne faut pas croire qu'ils soient pour cela plus difficiles à manier. Au contraire, le moindre effort les soulève, et ils se replient avec une telle force, que les oiseaux atteints par la côtière ont souvent la tête séparée du tronc.

Un ressort aussi simple qu'ingénieux maintient à terre la corde qui contourne le filet, et, du moment que vous soulevez le tirant, la côtière se dégage et le tour est fait.

Une campagne entre deux bois ou entre

4.

deux montagnes, est une fort bonne place pour prendre des alouettes. Pour ce genre de tenderie, on se sert souvent de deux filets dont l'un se dirige vers le levant et le second dans un sens opposé.

L'alouette passe en rasant la terre; fort peu se posent dans le filet; c'est pourquoi il importe de pouvoir opérer sur une grande largeur de terrain, et surtout de choisir le bon moment de tirer le filet.

Pour appeler l'alouette, on se sert principalement de l'appeau, et, lorsque la

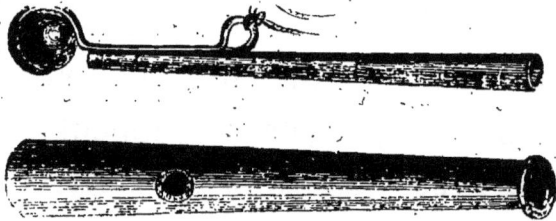

Appeaux à alouettes.

compagnie aïlée arrive à certaine distance, on montre le sambé.

Nous avons vu certains chasseurs se servir fort utilement d'une sambéyère double, placée en dehors des filets, vers le nord-est ou vers le nord-ouest; on la

Alouette des champs.

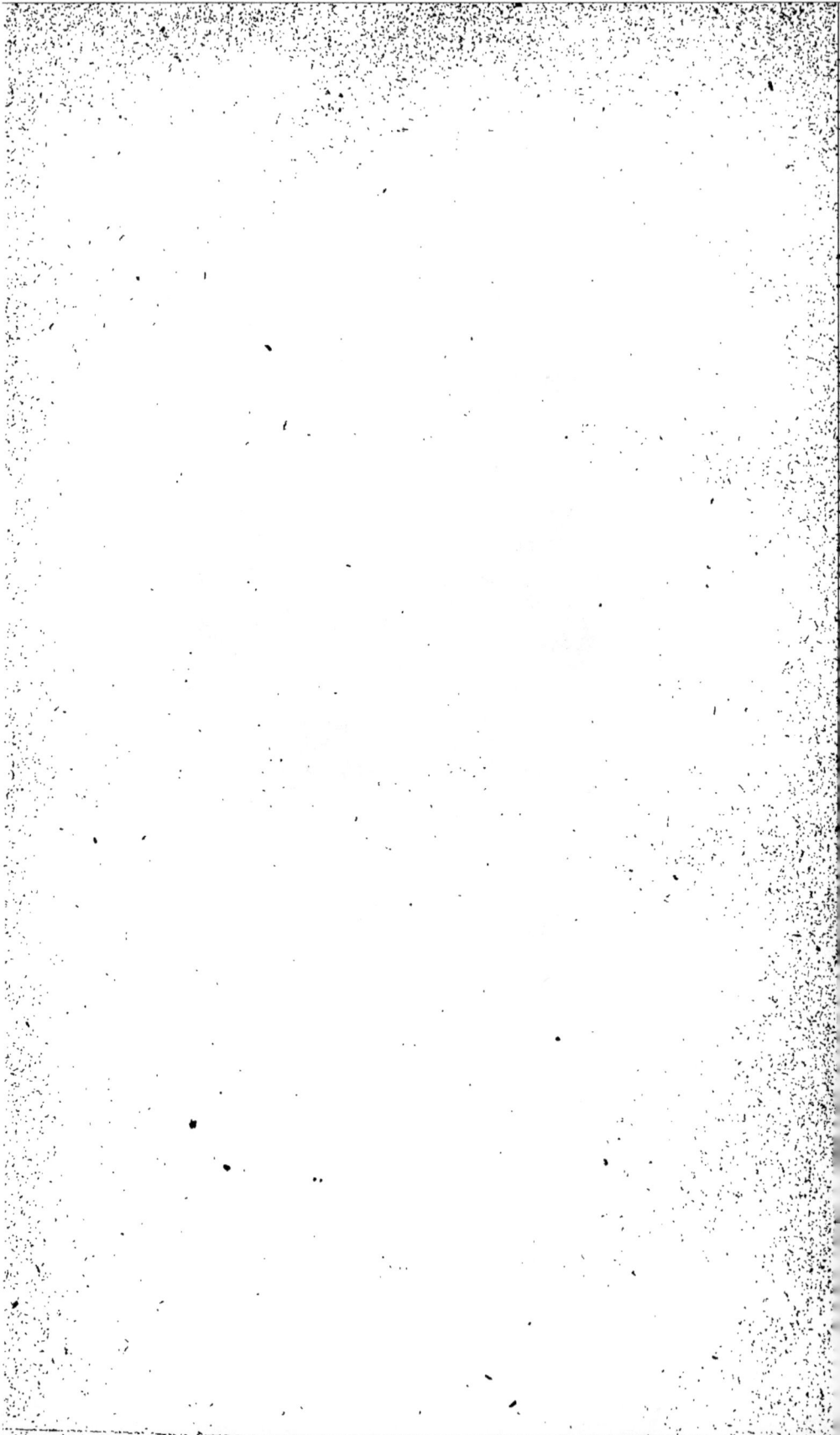

fait agir avant qu'il soit temps de faire usage des autres sambéyères.

Qui n'a entendu le chant joyeux de l'alouette? Qui même, dirons-nous, n'a possédé en cage de ces oiseaux? Ils s'apprivoisent très-facilement; leur chant, composé de fredons et de roulades, est des plus agréables. Mais si je vous donnais, lecteur, à choisir un mâle parmi plusieurs femelles, alors, bien entendu, que vous ne l'entendriez pas chanter, ne seriez-vous pas un peu embarrassé? Eh bien! je vais vous en donner le moyen en peu de mots : le mâle est plus gros, orné autour des joues d'une ligne blanchâtre; il n'a pas, comme la femelle, cette profusion de taches noires sur le dos et la poitrine; chez les femelles, la couleur est, du reste, d'un blanc plus pur que chez les mâles.

« Le mâle-alouette, écrit Elzéar Blaze[1], chante mieux que la femelle; toutefois, il est difficile de le distinguer en examinant

[1] *Le Chasseur aux filets.*

son plumage, les couleurs ne sont pas assez prononcées. Voici une méthode certaine : regardez l'ergot, pliez-le; s'il dépasse le genou de l'oiseau, c'est un mâle; sinon, c'est une femelle. »

Nous avons expérimenté pendant longtemps ce procédé, mais nous avons souvent été induits en erreur; il nous est arrivé maintes fois, par exemple, d'avoir un mâle encore jeune dont l'ergot ne marquait pas le sexe, et une femelle âgée que cette épreuve désignait pour un mâle.

Mais ce n'est pas de ce moyen de distinguer les sexes que nous sommes étonné, c'est d'apprendre que la femelle ne chante pas aussi bien que le mâle. Si l'auteur en question a eu la bonne fortune d'entendre les femelles et les mâles chanter également, mais cependant, les premières moins bien que les seconds, nous ne sommes plus surpris du peu de soin qu'il a mis à étudier la couleur, les marques spéciales qui les caractérisent. Il se peut qu'il ait entendu une femelle-alouette chanter (ce dont nous doutons fort, car le moyen qu'il donne de distinguer le sexe est loin d'être infaillible), nous voulons bien le lui accorder; on voit des poules imiter le chant du coq, mais aller jusqu'à établir une comparaison entre leur chant, et parler d'un fait exceptionnel, fortuit, comme d'une chose toute naturelle, c'est, en vérité, par trop fort. Et cependant, nous ne pouvons croire que ce savant, dans un ouvrage sérieux, justement estimé, ait pu vouloir mystifier ses lecteurs.

Le même auteur était probablement distrait et enclin à l'hyperbole, le jour où il écrivit ces choses-là, car, à la même page, il conte, avec tout le sérieux que la chose comporte, l'histoire suivante, qui devrait figurer dans les légendes de certaine ville de l'ancienne Pologne :

« On trouve l'alouette dans toute l'Europe ; quelquefois vous en verrez des bandes innombrables. Un de mes oncles, chassant sur les bords de la Durance, tira ses filets sur une si grande quantité d'alouettes, qu'une de ses nappes ne put pas se plier; la force de plusieurs milliers d'oiseaux volant à tire-d'aile la fit renverser. Il y en eut un cent à peu près de pris sous celle qui tomba; si les deux nappes eussent pu faire leur service, mon oncle aurait pris assez d'alouettes pour charger un mulet[1]. »

Nous avons parlé précédemment, en nous occupant des autres genres de tenderie, de jours de chasse plus ou moins communs, jours néfastes pour la gent ailée, pendant lesquels l'oiseleur entassait un nombre très-considérable de petites victimes. Il y a peu d'années, nous avons vu, dans un petit village de notre province, sur la rive droite de la Meuse, une chasse à l'alouette dépassant de beaucoup les plus remarquables dont jusqu'alors le souvenir fût cher au cœur des chasseurs d'oiseaux. Quoique chasseur nous-même, mais chasseur malheureux, nous attestons

[1] Ne pas oublier que, sur les bords de la Durance, qui a sa source dans les Alpes Cottiennes, l'élève des canards est une des principales ressources du pays; les produits de cette industrie sont aussi estimés en France, que les oies de Visé le sont dans notre petite Belgique.

l'authenticité du fait qui paraîtra extraordinaire, et qu'on pourrait croire de notre invention, ce qui, parole d'honneur, serait nous faire injure. Nous avons vu, de nos yeux vu, ce qui s'appelle vu, par une belle matinée d'octobre, une tenderie à trois filets, dont le troisième au midi, à laquelle, à neuf heures et demie, on avait déjà pris une manne bien remplie d'alouettes; en outre, vers une heure, la séance étant finie, on compta, c'est l'habitude, le nombre de petites pièces de gibier prises après neuf heures et demie, et l'on reconnut qu'il dépassait 140! Vous n'y croyez pas? Vous avez tort, et la preuve, c'est que ce n'est pas au pauvre déshérité qui griffonne ces lignes que le fait est arrivé. Une telle chance n'existe pas pour lui. Pourtant, il n'est pas plus maladroit que l'heureux chasseur dont nous racontons les exploits; au contraire, et même...

Pardonnez-moi, lecteur, mais en parlant à la troisième personne, je croyais pouvoir faire mon apologie; je vous l'ai dit tantôt, l'amour-propre est le partage de tous les chasseurs.

Nous devons dire qu'à cette tenderie il y avait deux chasseurs; un seul n'aurait pu suffire, on le comprend facilement.

Si vous apercevez, par hasard, un éper-

Épervier.

vier planant au-dessus de la plaine, vous ferez bien de le surveiller attentivement. Si vous voulez le prendre, montrez-lui le sambé à plusieurs reprises. Sitôt qu'il aperçoit l'oiseau, il descend en tour-

noyant, et, lorsqu'il juge le moment favo-
rable, il plonge dessus, rapide comme
l'éclair. Tirez le filet; mais vivement, sitôt
qu'il atteint le milieu de la première nappe,
car il ne s'arrête pas dans son vol pour
enlever sa petite proie. Et si vous l'avez
recouvert, dépêchez-vous d'aller vous
assurer de sa personne, il pourrait s'é-
chapper en déchirant les mailles du filet.
Défiez-vous également de ses griffes et de
son bec, car il se défend en désespéré.
Quand il se voit pris au piége, il se retourne sur le dos et vous présente ses
défenses. Ordinairement on le prend vi-
vant, on le garrotte en lui liant les deux
ailes à la hauteur des épaules et au-dessus
des reins, et on l'attache à l'intérieur de
la baraque pour que sa présence n'effraye
pas les petits oiseaux qui prennent la
direction des filets.

Si vous n'avez rien de mieux à faire,
vous pouvez le régaler d'un oiseau mort,
et vous verrez comme, en moins de temps
qu'il en faut pour le dire, il le plume proprement avant de le dévorer.

Mais gare! voici, rasant la terre, une *volée* d'alouettes qui se dirige vers l'un de vos filets. Appelez, appelez. Montrez la sambéyère. Appelez encore, mais plus lentement. Ne remuez pas et cachez-vous bien. Bon! voilà qu'elle se pose avant d'arriver à la hauteur de vos filets.

Malheur! pendant que vous appeliez cette compagnie, vous tourniez le dos à une autre qui achève de dépasser l'un de vos filets, et dont la queue se trouve vers les pieux ou à la hauteur de la côtière du bout du filet. Vous tirez. Brouette! Et, pendant que vous relevez les nappes, l'autre *volée* se lève, vous a vu, et a dépassé vos filets avant que vous soyez caché dans la cabane. L'appeler serait perdre du temps, l'alouette est un oiseau de passage qui n'aime pas à retourner sur ses pas.

Entendons-nous cependant; vous pourriez me dire que je suis dans l'erreur. Vous auriez raison peut-être. Je dis peut-être, car je parle seulement de l'alouette de *passage*.

Linotte ordinaire.

Les compagnies qui tiennent plusieurs jours la même plaine et que, dans le langage du tendeur, on appelle *jouantes,* sont des alouettes qui n'émigrent pas, et passent l'hiver dans nos campagnes. C'est en vain qu'on les appelle. Elles passent et repassent cent fois, mais ne se laissent pas prendre. Elles sont au courant, dirait-on, des ruses du chasseur, et se plaisent à le morfondre. Laissez-les. Ne vous essouflez pas, c'est inutile.

Aux filets à l'alouette on prend quelquefois aussi des linottes ; mais alors il faut prendre ses jambes à deux mains pour courir plus vite, car l'oiseau peut passer à travers la maille plus grande de ce filet, et, de six ou sept que vous avez recouverts, il ne vous en reste souvent que trois ou quatre.

La linotte n'est pas un gibier à mettre à la poêle ; il est trop petit et n'a nulle saveur. Les mâles sont mis en cage ; ils nous égayent par un gazouillement qui dure toute l'année, le temps de la mue excepté. C'est l'oiseau le plus facile à nourrir : de la navette, de l'eau claire, voilà tout ce qu'il demande, de temps à autre un peu de verdure, un peu de sable de rivière pour le rafraîchir, aiguiser son bec, nettoyer son estomac. Il se familiarise aisément avec la personne qui le soigne.

Nous avons oublié de dire, à propos de l'alouette, que, dans les premiers temps de sa captivité, quelques grains d'avoine lui sont très-agréables.

Mais ce que nous n'oublierons pas, c'est de plaindre ces malheureux pinsons, ces pauvres petites linottes que, dans notre pays, on prive de la vue, sous prétexte qu'ils chantent davantage. Nous ne discuterons pas la valeur d'un tel argument; nous dirons seulement, qu'unir à la plus dure captivité, la cruauté de rendre aveugles ces petits oiseaux, c'est d'une bien flagrante inhumanité. L'oiseleur assez égoïste pour user de pareils procédés, n'aime certainement pas les oiseaux, avons-nous besoin de le dire? il aime leur chant seulement. Combien cependant un oiseleur véritablement ami

des oiseaux éprouve de plaisir à les en-
tourer de petits soins, à les apprivoiser, à
rendre enfin leur esclavage le plus doux
possible ! Et cet oiseau si gentil qui vient
se percher sur son doigt, sur sa tête ou
plus souvent sur son épaule, en chantant,
en regardant son maître, en lui faisant
mille petites caresses, n'est-ce pas tou-
chant ? Ah ! la cruauté est bien plus le partage de l'homme que celui des animaux !
Voyez ces petits oiseaux : quelle recon-
naissance, quel attachement pour la main
qui les nourrit ! Ils sont si intelligents, si
dociles ! De leur intelligence, de leur do-
cilité, il est si facile de tirer parti, en passant auprès d'eux des loisirs pleins de
charme !

C'est avec plaisir que je me rappelle
encore, lorsque enfant j'allais à l'école, un
pigeon domestique, élevé au coin du feu,
qui m'accompagnait, perché sur mon
épaule, jusqu'à la salle d'études, puis re-
tournait au logis, où, malgré les soins dont
on l'entourait, il ne s'amusait que médio-
crement. Le temps lui semblait long, as-

surément, sans cesse il regardait à la pendule... Ne riez pas, rien n'est plus vrai, car, à l'heure de sortie des classes, il voletait contre la fenêtre ou contre la porte afin de se la faire ouvrir pour venir à ma rencontre, et jamais il ne manqua au rendez-vous.

Un jour même, seul et enfermé, l'heure de la sortie venue, il n'hésita pas à casser un carreau de vitre pour pouvoir s'échapper. Que j'étais heureux ! et que mes condisciples étaient jaloux de mon bonheur !

Mais un jour, n'ayant pas été fort sage probablement, l'instituteur, pour ma punition, me fit rester à l'école une heure de plus que d'habitude. Comment vous peindre l'anxiété, le désespoir de mon pigeon, lorsqu'il vit sortir de l'école tous mes compagnons et parmi eux ne me reconnut pas ! Par bonheur, il était avisé ; après avoir voleté partout autour des bâtiments, il trouva à une fenêtre un vasistas resté ouvert, et il pénétra à l'intérieur.

Dire l'étonnement du magister en voyant ce volatile entrer et venir me faire force gentillesses, serait impossible. Et quand je lui eus conté la fidélité de mon pauvre ami, touché sans doute, car il avait un bon cœur, il nous laissa retourner tous deux.

Eh bien! chasseurs, mes confrères et mes amis, faites avec vos oiseaux comme je faisais avec mon pigeon dont je pleure la mort, car il est mort de vieillesse : aimez-les bien, ces charmantes petites créatures du bon Dieu. Ils en sont dignes à tous les titres, et certainement vous n'aurez jamais à vous repentir des soins, des attentions que vous leur aurez prodigués.

Lecteur, après vous avoir sans doute bien ennuyé, si vous avez eu le courage de lire jusqu'au bout ces dissertations peu savantes sur la tenderie et les filets, je vous prie de croire que la chasse aux filets est plus amusante que mes articles, et, en toute hâte, je dépose la plume pour y courir. Cependant, avant de vous dire adieu, permettez-moi de vous donner encore quelques renseignements sur la nourriture et les maladies des oiseaux, et de vous dire deux mots du rossignol, le roi des chanteurs ailés.

CHAPITRE VI

Nourriture et maladies des oiseaux.

Il faut user de tous les moyens pour rendre aux oiseaux la captivité moins dure, et, à ce propos, nous croyons devoir donner ici la composition de trois pâtées que l'expérience a sanctionnées, et qui remplacent avantageusement leur nourriture habituelle. Ces pâtées, préconisées par Bechstein[1], peuvent leur être données en tout temps, et les con-

1. *Manuel de l'Amateur d'oiseaux de volière*, p. 28.

servent en santé ; elles conviennent encore plus aux oiseaux de volière, qui ont besoin sans cela d'une infinité de graines diverses, d'insectes et de verdure.

Voici la composition de la première pâtée :

On fait cuire assez de pain blanc pour suffire pendant trois mois à la nourriture des oiseaux que l'on a. Quand ce pain est bien cuit et bien rassis, on le remet une seconde fois au four et on l'y laisse refroidir ; il est alors propre à être pilé dans un mortier, et se garde plusieurs mois sans corruption ni mauvais goût. On prend chaque jour, pour autant d'oiseaux, autant de cuillerées à café de ce gruau, sur lequel on verse trois fois autant de lait froid, ou simplement tiède et non bouillant ; après l'avoir laissé mitonner et gonfler, si le gruau est bon, il en résultera une pâte ferme qu'on hachera menu sur une planche. Il est bon d'y mêler aussi quelques mouches ou des vers de farine hachés, dont beaucoup d'oiseaux sont friands, et d'y ajouter de temps en temps de la verdure, comme mouron, feuilles de chou, de laitue, de chicorée, cresson de fontaine.

Cette première pâtée, dont la composition participe du règne végétal et du règne animal, peut être donnée aux oiseaux qui ne mangent que des graines, tels que les canaris, les chardonnerets, les linottes, etc., à ceux qui se nourrissent de graines et d'insectes, les pinsons, les alouettes, etc., à ceux qui ne cherchent que des baies et des insectes, savoir : les rossignols, rouges-gorges, les fauvettes et même les grives, et enfin à ceux qui ne vivent que d'insectes : la lavandière, le traquet, la gorge-bleue, etc.

La deuxième pâtée est faite de la manière suivante : on prend un pain blanc bien cuit et rassis qu'on fait tremper dans l'eau fraîche jusqu'à ce qu'il en soit bien imbibé ; on exprime ensuite cette eau, et l'on couvre le pain de lait cuit, en ajoutant alors jusqu'à deux tiers de gruau d'orge, bien purgé de ses enveloppes, ou, mieux encore, de gruau de froment ; mais comme celui-ci est plus cher, il est rarement employé.

Pour la troisième, on râpe proprement une carotte (cette racine peut être conservée dans du sable toute une année à la cave), puis on imbibe d'eau fraîche un petit pain blanc, que l'on presse ensuite, et que l'on met dans une terrine avec la carotte râpée; on y ajoute deux poignées de gruau d'orge ou de froment, et l'on mêle parfaitement le tout avec un pilon. Cette pâtée, ainsi que la précédente, doivent être préparées fraîches tous les matins, parce qu'elles s'aigrissent facilement, surtout la première.

Usez-en si vous voulez, mais, pour qu'elles servent, il faut que l'oiseau mange, et il en est qui se refusent à prendre en cage de la nourriture. Il est un moyen fort efficace pour y engager les oiseaux nouvellement prisonniers : c'est de les plonger dans l'eau pendant quelques instants et de les remettre ensuite en cage. La plupart du temps, ils sont comme en pleine pâmoison; mais peu à peu ils reprennent vie, lissent leurs plumes, puis se dirigent vers la mangeoire. C'est d'un fort bon signe, et l'on a alors beaucoup de chances de les conserver en santé.

Par ignorance, certains oiseleurs croient, lorsqu'ils remarquent que le nouveau prisonnier boit et mange sitôt mis en cage, être sûrs de pouvoir le conserver, et disent en riant dans leur barbe : Celui-là ne périra pas de faim. Eh ! non ! nous en convenons, il ne mourra pas de faim, mais cet appétit contre nature est un signe de mort, et le pauvre oiseau ne tardera pas à passer de vie à trépas. Celui, au contraire, qui se cache, et fait le boudeur pendant quelque temps, doit inspirer peu d'inquiétude. Les pinsons, les bouvreuils, les grives, etc., font exception, et peuvent manger aussitôt qu'ils sont pris, sans que l'on doive mal en augurer.

Nous recommandons aux amateurs de ne donner le chènevis à leurs oiseaux que comme friandise ; lorsqu'ils mangent souvent de cette graine, ils finissent par devenir aveugles, asthmatiques, et périssent ordinairement de marasme ou d'apoplexie.

Les oiseaux ont aussi leurs maladies, et de tous les genres, entre autres la *pépie*, qui est l'obstruction des narines et le durcissement de l'épiderme de la langue ; aux volatiles de nos basses-cours et aux grands oiseaux, on détache cette peau au moyen d'une aiguille en s'y prenant par la base. Lorsque cette pellicule est soulevée, on l'arrache, et on guérit la plaie en faisant avaler au sujet malade quelques gouttes d'huile de Provence. Puis un composé de beurre frais, de poivre et d'ail dissout ce catarrhe et ramène l'appétit. Pour rouvrir les narines, on y passe une petite plume.

Le *rhume*, ou simplement l'*enrouement*, se guérit souvent seul au bout de quelques jours.

L'*asthme*, qui provient de la nourriture trop échauffante qu'on donne aux oiseaux, se guérit avec un régime humectant et rafraîchissant, mais surtout avec quelques purgations qu'on provoque, en donnant à manger aux malades pendant deux ou trois jours de la verdure, ou en leur donnant du lait cuit pour seule boisson. La graine de navette est une nourriture saine, même pour les oiseaux atteints d'indisposition.

L'*atrophie* et la *consomption* sont des maladies pour lesquelles, des remèdes certains n'étant pas connus, nous ne voulons pas donner d'indications dans lesquelles nous n'avons pas foi nous-même. Libre à la Faculté d'en chercher, mais nous doutons qu'elle en trouve.

La *constipation* se guérit plus facilement. On oint pour cela le fondement avec de l'huile de lin ou même de l'huile ordinaire, mais la première est préférable.

Pour guérir de la *diarrhée* les oiseaux qui en sont atteints, nous avons employé et toujours avec succès, lorsque cette maladie ne résultait pas de l'insanité de l'abreuvoir, du bon café refroidi qu'on leur donne pendant quelques jours pour unique boisson.

Le *tournoiement* est une manie dont on guérit les oiseaux en recouvrant la cage qui les renferme d'un linge de couleur sombre qui, interceptant le jour de ce côté, les corrige d'un tic qu'ils ont contracté en voulant distinguer les objets qui se trouvent placés au-dessus de leurs cages.

Une quantité d'autres infirmités atteignent encore les oiseaux, mais nous n'avons voulu qu'énumérer ici les plus connues, celles surtout pour lesquelles nous croyons un remède possible.

Dans un but d'hygiène, on doit donner aux oiseaux des cages assez spacieuses, en tenant compte des mœurs et des caractères des espèces. C'est ainsi qu'une petite cage peut convenir au chardonneret, au sizerin, à la linotte; elle doit être un peu plus grande pour les pinsons, et pour l'alouette, la farlouse ou l'ortolan, elle doit être la plus grande possible.

La cage de l'alouette doit, en outre, être couverte d'une toile cirée et non pas fermée à sa partie supérieure par des barreaux de fer ou une planchette en bois, comme les cages des autres oiseaux; car l'alouette prend son vol verticalement et pourrait se tuer ou seulement se blesser et défroquer son plumage, ce qui serait désagréable. Il est très-bon également de mettre à sa disposition dans un coin de la cellule, un morceau de gazon qu'on renouvelle au bout d'un jour ou deux, et de lui procurer de temps à autre quelques branches de mouron chargées de graines, si possible. Ces oiseaux aiment la diversité dans leur nourriture, et plus encore peut-être la propreté, qui les maintient en bonne santé.

Qu'on les soigne donc convenablement, et les oiseaux seront rarement malades.

Rossignol.

LE ROSSIGNOL

Jours heureux du printemps, que de plaisirs vous apportez avec les brises tièdes chargées des senteurs des premières fleurs que vous faites éclore, et que le zéphir caresse avec amour et voit s'entrouvrir sous les rayons fécondants de l'aurore d'un beau jour de mai, mois sacré et consacré, mais qui, hélas! semble perdre chaque année quelques fleurs de la couronne dont la nature l'avait paré !

6

Que de bienfaits amène avec lui ce rayon de soleil d'une chaleur incertaine encore, mais dont l'influence heureuse permet à la nature de secouer le sommeil glacial qui l'étouffait dans ses froides étreintes, et de se parer, pour nous plaire, de ses plus beaux, de ses plus frais atours. Cette belle saison nous ramène les oiseaux, ces joyeux habitants de nos champs, de nos bocages.

L'alouette, dans son ascension à perte de vue, nous chante ses variations éternelles, dont elle paraît faire hommage au ciel, vers lequel, se dégageant de ses affections terrestres, elle s'élance à tire d'ailes.

La fauvette, sur la branche flexible, fait entendre son gai ramage aussi longtemps que le permettent les loisirs que lui laissent, d'abord le travail de la construction du nid conjugal, et, plus tard, le soin de nourrir son intéressante jeune famille.

Mais que sont ces oiseaux auprès du rossignol, dont la voix grave et mélancolique trouble si harmonieusement le silence de la nuit? De simples instrumentistes perdus dans l'orchestre des bruits du jour. Le rossignol, lui, est un soliste qui connaît tout son mérite, et ne veut se faire entendre que lorsque les mille voix du monde se sont tues dans les ténèbres. Pour décrire un tel oiseau, il faudrait une plume plus autorisée que la nôtre. Osons cependant : l'audace tient quelquefois lieu du talent : *Audaces fortuna juvat.*

Le rossignol arrive dans nos bosquets, précédant de quelques jours la fauvette, vers le milieu d'avril ordinairement. Il cherche alors à reconnaître les bocages qu'il a connus, les témoins des doux mystères de sa naissance, de sa jeunesse, de ses amours. Il s'installe au milieu de ces souvenirs restés chers à son cœur, et aussitôt commence à réciter ses joyeux refrains. Sa voix n'est pas assouplie encore; il l'exerce, il la travaille, dirait-on, et se prépare, en préludes mélodieux, aux ravissants concerts aériens dont il nous gratifie quand viennent les jours sereins de la seconde moitié du mois de mai, et pendant les mois de juin et de juillet[1].

Il est un fait que nous constatons à ce propos avec infiniment de plaisir : c'est que, depuis quelques années, les rossignols, qui étaient devenus excessivement rares dans nos bois, ont reparu très-nombreux, cette année surtout. Est-ce à la protection de la loi, est-ce à toute autre cause qu'il faut attribuer cet heureux repeuplement ? Nous ne savons. Toujours est-il, qu'il n'est pas un bocage, au temps des amours, où l'on n'entende la voix mélodieuse du chanteur par excellence, pas d'écho dans la vallée qui ne répète le son de sa voix fraîche et argentine, qui émeut, qui

[1] Bechstein a essayé d'écrire les paroles que prononce cet habile chanteur. Voici ses premières phrases :

Tioû, tioû, tioû, tioû.
Spe, tioû, squa.
Tiô, tiô, tiô, tio, tio, tio, tix.
Coutio, coutio, coutio, coutio, etc.

Mais cette traduction ne rendant fidèlement que les consonnes articulées, et ne pouvant reproduire dans tout leur charme les voyelles sonores du rossignol, est une lettre morte pour quiconque n'a pas entendu l'oiseau.

charme, et qu'on voudrait entendre toujours.

N'avez-vous jamais entendu, assis à
l'ombre, plongé dans le *far niente*, le
concert charmant du peuple ailé des
bois? C'est là que seul je vais l'entendre
au lever du jour ou avant que le soleil
rougisse l'horizon en se plongeant dans
l'océan. C'est dans les lieux où croît et
fleurit le muguet, où l'air est chargé de
mille parfums enivrants transportés et
épurés dans leur course incertaine, où
l'on n'entend d'autre bruit que celui
des feuilles balancées par le vent, que
le doux murmure du ruisseau limpide
qui serpente à nos pieds; c'est là, dans
une voluptueuse paresse, que j'écoute,
immobile et caché, les mille propos
d'amour qui se gazouillent dans les buissons; là, j'observe les mœurs de chaque
espèce, et j'admire la sincérité et la fidélité primitive de l'oiseau; il chante au
bord du ruisseau pour charmer la solitude de sa compagne qui cache sous
la feuillée les doux mystères de la ma-

6.

ternité, et sur laquelle il veille avec sollicitude. Au déclin du jour, le chant des oiseaux se confond en un joyeux murmure; puis, d'instant en instant, on commence à distinguer la voix pure et sonore du rossignol ; à mesure que s'épaissit la brume, les autres chanteurs se taisent, et bientôt se dessine dans toute sa magique beauté, l'ineffable mélodie qui s'échappe en cascades de perles étincelantes. On dirait qu'il faut au chantre des bois, pour prendre ses plus sublimes élans, le silence, l'ombre et la solitude pour s'écouter lui-même. La pluie, l'orage même, n'interrompent pas ce divin concert. L'orage prête, au contraire, un charme de plus à la majesté du tableau.

« En liberté, la nourriture du rossignol, dit Bechstein [1], consiste en insectes, surtout en beaucoup de petites chenilles vertes, mouches, petites phalènes, coléoptères, etc., et en larves de ces in-

[1] *Manuel de l'Amateur des oiseaux de volière.* Nouvelle édition illustrée, page 162.

sectes; il mange aussi, quand il peut s'en procurer, des groseilles et des baies de sureau. Prisonnier, les premières et seules bonnes choses à lui offrir sont des vers de farine[1] et des œufs frais de fourmis[2]; si l'on n'a plus de ces derniers frais, on y supplée par du cœur de bœuf

---

[1] Le moyen d'avoir en tout temps des vers de farine à sa disposition, est de remplir un grand pot de terre ou de grès de son de froment, de gruau d'orge ou d'avoine, en mettant parmi quelques morceaux de papier à sucre ou de vieux cuir. Dans chacun de ces pots, de quatre litres environ de capacité, on jette un quart de litre de vers de farine, que l'on peut acheter partout chez un boulanger ou un meunier, et en les laissant tranquilles pendant trois mois, couverts d'un chiffon de laine humecté de bière ou simplement d'eau, ils se métamorphoseront en nymphes, qui produiront des insectes nommés *Ténébrions* (*Tenebrio molitor* Linn.). Ces insectes se propagent bientôt par des œufs, qui renouvellent et multiplient le nombre des vers assez pour qu'un pot semblable puisse entretenir un rossignol.

[2] Plusieurs personnes qui ne sont pas à portée d'acheter des œufs de fourmis (nommés improprement tels, puisque ce sont les nymphes renfermées dans leurs cocons) seront sans doute bien aises de savoir comment on s'y prend pour les tirer soi-même de la fourmilière. On choisit un jour de beau soleil en été, et, muni d'une pelle, on commence par découvrir légèrement un nid de grosses fourmis des bois (*Formica rufa*, Linn.), jusqu'à ce qu'on parvienne aux œufs; on les enlève alors, et on les place au soleil, au milieu d'une nappe dont on relève les coins sur de petites branches coupées, bien chargées de feuilles. Les fourmis, pour sauver les œufs de l'ardeur du soleil, les transportent bien vite sous l'abri qu'on leur offre. De cette manière on les obtient sans peine dégagés des brindilles et des fourmis même. A défaut de nappe, on choisit une place unie autour de laquelle on creuse quelques petites fosses sur lesquelles on jette des branchages, ce qui produit le même résultat.

séché ou cuit, et de la carotte, râpés l'un et l'autre, puis mêlés avec des œufs de fourmis secs. On peut même quelquefois lui donner un peu de maigre de bœuf ou du mouton haché menu. C'est la nourriture qui lui convient le mieux, et qui est la meilleure pour le maintenir en bonne santé. Nous connaissons encore une pâtée dont sont friands les rossignols, et qui peut leur être donnée en tous temps; elle se compose de biscuits, jaunes d'œufs, miel et amandes broyées. Nous la recommandons tout particulièrement, d'autant plus que ce manger se conserve longtemps sans s'altérer, surtout si l'on a soin de se servir d'un de ces petits vases en porcelaine avec couvercle, que l'on dirait fabriqués spécialement pour cet usage. Disons à ce propos et par parenthèse, que ce dernier genre de nourriture convient aussi parfaitement à la fauvette. L'eau fraîche est nécessaire au rossignol, tous les jours, tant pour boire que pour se baigner. »

Pour être fidèle à notre titre, nous

croyons devoir dire la manière de prendre le rossignol. C'est simple comme bonjour, mais la loi défend cette chasse, et elle a raison.

C'est la curiosité, ce péché mignon, qui coûte quelquefois au roi des chanteurs la perte de sa chère liberté.

Le rossignol est familier. Quand vous l'entendez, vous vous approchez jusqu'à ce qu'il ait remarqué votre présence, vous découpez le gazon, vous remuez la terre, vous faites n'importe quoi enfin : il a tout vu, tout observé. Vous disposez à l'endroit où vous avez remué le sol, deux petites baguettes enduites de glu, et vous tournez les talons. L'instant d'après, l'oiseau s'y fait prendre. Mais gardez-vous d'user de ce procédé. Le rossignol aime l'air pur des bois et le bruissement du ruisseau qui scintille sous la feuillée. Il s'inspire de la liberté. Si vous l'en privez, la plupart du temps vous lui occasionnez la mort. Si l'on vous y prend, la loi vous punit. Le roi des chanteurs a, du reste, de trop nobles instincts pour vivre esclave.

Laissez-le donc vivre en paix et en liberté, et contentez-vous de l'entendre tous les ans charmer le bocage qui l'a vu naître et auquel il est toujours fidèle.

NOTE DE M. PAUL EYMARD

SUR LA

CHASSE AUX PETITS OISEAUX[1]

Il est des idées reçues qu'il est téméraire de vouloir combattre ; mais, comme la raison doit finir toujours par avoir raison, je considère que c'est un devoir de ne pas se laisser arrêter par une prévention populaire, basée sur une appréciation fausse.

Depuis quelques années, on s'est épris

---

[1] Ce Mémoire a été lu, le 8 mars 1867, à la Société d'agriculture, d'histoire naturelle et des arts utiles de Lyon (Rhône).

d'une belle passion pour les petits oiseaux, et malheur à qui ose les attaquer; il semble vraiment qu'il commet
un crime, et le législateur, dominé par
cette idée, a considéré celui qui em-
ployait ses engins pour les prendre,
comme *commettant un délit contre l'ordre
public*.

La loi sur la chasse qui date de mai
1844 a eu surtout en vue de protéger
le gibier contre une destruction totale et
de régler les actes des chasseurs, autant
pour ménager au pays une source d'alimentation, que pour favoriser l'exercice salutaire de la chasse.

En cela, la loi a été sage et prévoyante;
car, si elle n'avait pas posé une limite
aux droits de chasse, il est évident que
le gibier eût complétement disparu de
nos contrées. Effectivement, malgré toutes
ces sages précautions, on est obligé d'a-
voir recours à la production artificielle
du gibier qui, abandonné à l'état de nature, ne produirait plus assez pour ali-
menter la passion souvent désordonnée

des chasseurs. Cette partie de la loi a donc été faite en vue de protéger le gibier contre une destruction trop grande pour que les chasseurs puissent le tuer sans le détruire entièrement, et par là, ménager leurs plaisirs et les ressources du pays.

Mais, lorsqu'il s'est agi du petit gibier, le législateur n'a eu qu'une préoccupation, c'est de le protéger, d'une manière si absolue, qu'il en a interdit l'usage. Il n'a pensé qu'à sauvegarder la vie d'êtres qui, quoique petits, n'en n'étaient pas moins destinés à servir d'aliment à l'homme, tout aussi bien que les animaux d'un volume plus gros.

En un mot, la loi sur la chasse est une loi d'*amour* pour le petit gibier et d'*appétit* pour le gros.

En suivant cette voie, a-t-on été dans le vrai? et n'a-t-on pas trop cédé à un sentiment de sensiblerie poétique pour les petits oiseaux, aussi peu raisonné que raisonnable?

Le but de cette note est de démon-

7

trer que, tout en respectant les oiseaux d'agrément, chanteurs ou autres, il y a une déplorable erreur à laisser échapper une source d'alimentation, de commerce fructueux et de jouissance pour les chasseurs au filet, dont la passion me semble aussi respectable que celle des chasseurs à courre ou à tir.

Les espèces d'oiseaux qui vivent en France sont au nombre de trois cents environ. Trente à quarante, tout au plus, y sont complétement sédentaires; cinquante ne font jamais qu'y passer et nichent dans le Nord; les deux cent vingt autres espèces y nichent, mais émigrent à certaines époques de l'année et sous l'influence de certaines conditions.

Parmi les oiseaux voyageurs, il y en a qui parcourent des distances vraiment prodigieuses et incroyables. De ce nombre est la Caille, dont le corps trapu et lourd a l'air si peu fait pour les voyages. Les Cailles, cependant, partent au mois d'août des bords de la mer d'Arkangel, et ne s'arrêtent qu'au cap de Bonne-Espérance; elles font, il est vrai, de nombreuses étapes et nichent en route tout en s'acheminant vers le Sud.

Les Grives, oiseaux qui semblent, à coup sûr, bien mieux taillés pour de longs voyages, avec leurs ailes longues et bien développées, ne quittent cependant pas l'Europe : car, après avoir niché dans le Nord et dans nos pays, elles vont s'abattre sur les côtes méditerranéennes, en Provence, en Espagne, en Italie, sur les bords de l'Adriatique, jusqu'aux îles Ioniennes, mais traversent rarement la Méditerranée.

Les Pigeons ramiers et les tourterelles, au contraire, traversent la Méditerranée, mais semblent s'arrêter au pied de l'Atlas, sur les rivages boisés d'Afrique ; tandis que les Hirondelles et les Martinets, après avoir quitté l'Europe, quittent encore l'Algérie, pour s'enfoncer plus avant dans les terres, probablement jusqu'à l'équateur, où des myriades d'in-

sectes leur offrent une nourriture abon-
dante.

En avril 1856, j'ai vu les Hirondelles
arriver du désert dans les climats plus
tempérés de l'Algérie ; mais quelques
froids tardifs, pendant lesquels le ther-
momètre ne descendit cependant jamais à
zéro, détruisirent une grande quantité
d'insectes, au point que les hirondelles
jonchaient par milliers le sol de leur corps
amaigri par un jeûne forcé et inattendu.

Le Pinson des Ardennes est un oiseau
dont le passage est des plus considérable
dans nos contrées. Il ne niche pas en
France, mais bien dans les forêts du
Nord, quoique son nom indique qu'il
niche dans une partie de la France. En
automne, depuis la fin de septembre
jusqu'à la fin de décembre, il passe, en si
grande quantité, que c'est par myriades
qu'il traverse nos campagnes pour aller
s'abattre dans les plaines de la Vénétie, où
on les prend par milliers.

A l'appui de ces passages d'oiseaux,
on lisait dernièrement dans les journaux,

« qu'à Épinal, le ciel avait été obscurci, pendant plusieurs heures, par des multitudes innombrables d'oiseaux fuyant le Nord où la neige était tombée en grande abondance ». Ces multitudes étaient certainement composées de Pinsons des Ardennes, de Bruants, de Linots et de Verdiers, comme les vols qui traversent nos pays chaque hiver.

Il faut encore compter, comme oiseaux de passage et qui nichent cependant dans nos pays, les Becs-figues, Ortolans, Proyers, Bruants, Pinsons, Rales, Bécasses et Bécassines, et beaucoup d'autres; ils s'y engraissent avec si grande béatitude, que c'est ne pas vouloir reconnaître un don de la Providence dans ce petit gibier, si bien fait pour être mangé.

Aussi Toussenel, dans son *Monde des Oiseaux,* que l'on ne soupçonnera certainement pas d'antipathie contre la race ailée, dit-il : « que la France est le pays où le gibier à plume aime le mieux à être mangé ». Cette assertion n'est certes pas juste, car la loi sur la chasse interdit presque l'usage du petit gibier.

L'usage des engins à prendre les oiseaux étant considéré comme un délit *contre l'ordre public,* le gibier à plume, protégé qu'il est par la loi, passe sur nos têtes, quelque appétissant qu'il soit par son embonpoint, et va se faire manger chez nos voisins, qui, mieux avisés et moins ornithophiles que nous, trouvent qu'une broche bien fournie est un agrément qui peut parfaitement se concilier avec celui plus poétique, il est vrai, de faire des livres sur *ces pauvres petits oiseaux effarés et malheureux, allant chercher sous un ciel plus clément les bocages d'un éternel printemps.*

Je ne parlerai pas de cette multitude de palmipèdes, Canards, Foulques, Macreuses, Sarcelles et autres, qui fuient les rigueurs des hivers du Nord, pour venir s'abattre sur nos fleuves que la glace n'emprisonne jamais complétement; parce que la loi, moins clémente, je dirai même bien cruelle pour eux, non-seulement en permet la chasse, mais encore prolonge le temps où le chasseur peut en fournir nos marchés.

Je ne m'occuperai donc que des petits oiseaux de passage dont l'usage nous est, pour ainsi dire, interdit ; car on comprend que si nos marchés n'étaient approvisionnés que par les petits oiseaux tués au fusil seulement, le nombre en serait à coup sûr fort restreint ; mais les nombreux oiseaux qui arrivent à nos halles nous sont envoyés des contrées où la loi n'interdit pas l'usage des filets.

La protection exagérée accordée aux petits oiseaux par le législateur s'appuie sur les services qu'ils rendent à l'agriculture, services que l'on ne peut nier absolument, mais qui ont bien leur compensation, comme toutes les choses de ce monde.

Les raisons mises en avant par les ornithophiles sont donc celles-ci :

1° La plupart des petits oiseaux se nourrissent d'insectes nuisibles aux végétaux, ainsi que des graines de mauvaises herbes, et rendent, par là, de grands services à l'agriculture ;

2° Ils peuplent nos campagnes, les égaient par leur présence et les charment par leurs chants. Ces petits êtres si gracieux, si faibles et si peu nuisibles, ont donc droit à toutes nos sympathies, conséquemment à notre protection.

Sur la première raison qui établit l'utilité des petits oiseaux, il y a là à répondre : que la destruction des chenilles par les petits oiseaux, dont on a beaucoup parlé, n'a pas l'importance que les statisticiens ont bien voulu lui donner, lorsqu'ils ont supputé la quantité de chenilles et d'insectes qu'une Fauvette consommait pour elle et sa couvée. Or, il est constaté, par tous ceux qui ont voulu observer les choses de près, et avec impartialité, que jamais les chenilles, les hannetons à l'état de fléaux, c'est-à-dire envahissant les bois, les vergers et les buissons, n'ont été détruits par les oiseaux, et que l'appétit de la gent ailée n'a jamais été suffisant, même dans une fort petite mesure, pour arrêter les ravages de ces insectes ; on a même remarqué qu'en Bourgogne, les bois et les arbres furent, il y a quelques années, envahis par des myriades de chenilles qui dévorèrent toutes les feuilles ; alors les oiseaux prirent la fuite, et les bois devinrent aussi silencieux qu'en hiver. Le même fait se produisit devant un envahissement anomal de hannetons.

Ceci se comprendra lorsqu'on saura que les chenilles qui causent ces ravages sont, en général, de deux ou trois espèces seulement : la *Chrysorée,* la *Chenille à livrée*, et quelquefois l'*Arpenteuse,* toutes chenilles velues ; or, les oiseaux ne mangent pas, ou ne mangent que très-exceptionnellement, les chenilles à poil. Un oiseau en cage se laisse mourir plutôt que d'y toucher, et jamais la volaille de nos basses-cours ne se décide à attaquer ces espèces.

De ces faits, faciles à vérifier, il résulte : que le raisonnement sur l'utilité des oiseaux, pour la destruction des chenilles, pèche tout à fait par la base.

7.

Les petits oiseaux ne peuvent donc rien contre les insectes à l'état de fléau. Quand leur quantité est normale, il est certain que les oiseaux gros et petits concourent à ce grand équilibre de la nature qui veut, qu'en suite d'une loi toute providentielle, les animaux se nourrissent presque tous les uns des autres; jusqu'à l'homme, qui fait servir la plupart des animaux à sa nourriture.

Quant aux services rendus par les petits granivores qui se nourrissent de graines de mauvaises herbes, et purgent les champs de ces végétaux nuisibles, je répondrai que le discernement de ces oiseaux n'est pas grand, et que le mal qu'ils font aux récoltes dépasse souvent le bien qu'ils produisent.

Si le Chardonneret se nourrit des graines du chardon, il dévaste aussi nos champs de panais, de colza et de chanvre.

Si le Merle et la Grive se nourrissent de baies inutiles, ils dévorent aussi nos raisins. Si les Alouettes se nourrissent des graines de plantes qui nuisent au blé, elles *piquent*

le vert aussi, selon l'expression des pay-
sans, c'est-à-dire qu'elles becquettent les
jeunes tiges de blé naissant, et déterrent
le grain s'il n'est pas trop profond ; elles
deviennent alors un vrai fléau, à ce
point que l'on a vu des champs tellement ravagés par les Alouettes, qu'il a
fallu les réensemencer de nouveau avec
des blés tremois, pour avoir une récolte.

Les Grives qui s'abattent sur nos vignes
en grand nombre y commettent de grands
dégâts, et lorsqu'un chasseur assez habile arrive à en tuer une au fusil, ce n'est
que lorsqu'elle est en état d'ivresse, oc-
casionnée par une quantité de raisins
qu'on ne pourrait supposer être engloutie
dans un si petit gosier.

Les Grives sont si nombreuses dans le
Beaujolais, et y causent tant de dégâts,
que l'on cite un propriétaire de vignoble
qui payait un tambour pour battre de la
caisse constamment, pour éloigner ces
voleurs de ses vignes, et qui trouvait
son compte à payer cette étrange musique

qui ne lui coûtait pas ce qu'elle lui rendait.

Les Étourneaux ou Sansonnets, qui sont de la même famille, et dont j'ai vu des milliers dans les villages de Hollande où ils nichent et où ils multiplient à l'infini, quittent ces contrées brumeuses dans le mois de septembre, pour venir dans nos pays de vignobles se gorger de nos raisins dont ils sont très-friands ; on voit souvent des vols d'Étourneaux faire littéralement disparaître la vendange d'une vigne où ils se sont abattus, et les dommages d'une grêle être moins grands que ceux occasionnés par ces aimables Sansonnets qui, lorsqu'ils sont en cage, babillent comme des Perroquets et nous charment par leur gentillesse.

Il faut vouloir se faire illusion pour ignorer que les oiseaux sont un très-grand fléau par leur multitude. J'ai vu en Afrique de ces vols, tellement immenses, qu'ils obscurcissaient le soleil, s'abattre sur des moissons dont le grain disparaissait en quelques heures. Les Arabes n'ont, pour se préserver de ce fléau presque aussi terrible que celui des sauterelles, d'autre moyen que celui par trop primitif et dangereux, de mettre le feu aux arbres sur lesquels ces pillards ailés viennent passer la nuit.

Il est difficile de se faire une idée de la multiplication énorme des oiseaux en Afrique ; j'ai vu, aux environs de Blidah, une orangerie de plusieurs hectares littéralement écrasée sous le poids des nids d'oiseaux, si nombreux, qu'on pouvait croire que plusieurs chars de foin et d'herbes sèches couvraient les arbres brisés sous ce fardeau.

Je ne vous parlerai pas du Moineau, de la voracité duquel nos fermiers ont toutes les peines à défendre leurs récoltes. Eux aussi ont eu leurs statisticiens, qui ont supputé combien de litres de blé étaient consommés par chaque Moineau. Je bornerai donc là mes citations, que je pourrais multiplier à l'infini, et dont il ressort que si les petits oiseaux rendent quelques services en mangeant quelques

insectes et quelques mauvaises graines,
ils commettent des dégâts encore bien plus
grands, en dévorant nos récoltes tant en
graines qu'en fruits.

La seconde raison qui milite en faveur
des petits oiseaux, est celle de l'agrément
qu'ils procurent par la vie qu'ils apportent
à la campagne par leur présence et par
leur chant.

Plus qu'un autre peut-être, j'aime à
entendre le chant du Rossignol et de l'A-
louette, parce que plus qu'un autre j'ai
suivi avec intérêt les ébats des oiseaux
sur les arbres de nos vergers et dans
l'épaisseur de nos bois ; car on ne peut
s'être occupé d'ornithologie comme je l'ai
fait, sans aimer à étudier les mœurs de
ces gracieux animaux ; aussi j'applaudis
aux éloquentes inspirations de Michelet,
lorsqu'en parlant du chant des oiseaux
il s'exprime ainsi : « Voix ailées, voix
» de feu, voix d'anges ; émanation d'une
» vie intense supérieure à la nôtre,
» d'une vie voyageuse et mobile qui
» donne au travailleur fixé sur son sillon

» des idées plus sérieuses et le rêve de la
» liberté ».

Aussi appuierais-je toute législation et
toutes mesures administratives qui ten-
dront à protéger les oiseaux et leurs nids.
Tant qu'ils sont sédentaires, ce sont des
hôtes que nous devons défendre contre
leurs ennemis, et l'on ne saurait prendre
de trop sévères mesures pour empêcher
une destruction inutile et qui ne profite
même pas à ceux qui la commettent.

Mais une fois l'oiseau hors de son nid,
après un séjour plus ou moins long, les
chanteurs perdent leur voix, les mâles
perdent l'éclat de leur plumage d'amour,
ils se rassemblent au fond des bois pour
émigrer; en un mot, ils deviennent *gibier*.
Dès que vient le mois de septembre,
presque tous quittent le pays où ils ont
vu le jour ; ils s'engraissent, traversent
nos contrées européennes, et alimentent
nos voisins, tandis que nous les laissons
passer en leur accordant une protection
dont ils ne profitent même pas, puis-
qu'ils vont tomber dans les piéges de

peuples mieux avisés que nous; et ne croyez pas qu'en les épargnant, il vous en reviendra davantage l'année suivante, car ils émigrent par millions et reviennent l'année suivante par centaines. Comment? pourquoi? c'est là un mystère d'anéantissement bien difficile à éclairer; car on n'a, sur l'émigration des oiseaux, que des données tout à fait incomplètes pour la plupart.

Le nombre des oiseaux allant toujours en diminuant dans les campagnes, on a dû croire que la chasse au filet et autres engins était la cause de cette disparution; il n'en était cependant rien, car, depuis 1844 que la chasse au filet, chanterelle et autres engins, est complétement prohibée, le nombre des oiseaux a néanmoins toujours été en diminuant. Il ne faut donc pas en chercher la cause dans la chasse, ni dans la destruction des nids, qui a été plutôt moins grande pendant cette période de vingt-six ans, que pendant celles qui l'ont précédée; mais bien dans l'extension de la culture, le

défrichement des bois, et le nombre plus
grand d'habitations qui se sont multi-
pliées dans la campagne ; et, comme le
dit fort bien Toussenel dans son livre
si passionnel pour les oiseaux : « Lorsque
» la charrue a mordu la bruyère, les
» oiseaux ont reculé devant le débor-
» dement de la culture et ont fui pour
» demander un asile aux contrées plus
» sauvages ».

Effectivement, comment comprendrait-
on que les oiseaux nichassent dans une
culture sarclée ou dans une plate-bande
fouillée tous les jours par un jardinier.
L'oiseau aime la friche et la nature in-
culte, où l'homme ne vient pas troubler
ses amours et effaroucher sa nichée ;
c'est ce qu'il trouve dans ces immenses
solitudes boisées et marécageuses du
Nord, où le bruit de la civilisation ne
pénètre jamais ; aussi est-ce de ces contrées que nous arrivent ces myriades
d'oiseaux qui couvrent littéralement la
terre de leurs bataillons, à une époque
où il ne reste presque plus de récoltes,

et où les chasseurs au filet seraient heureux de donner un libre cours à leur plaisir favori, qui est aussi justifiable que celui de la chasse au fusil.

Ce n'est donc pas la chasse au filet qui, comme on l'a cru par erreur, est la cause de la diminution du nombre des oiseaux. Elle ne peut, avec tous les engins possibles, contribuer en rien au dépeuplement des oiseaux, surtout si elle n'est pratiquée qu'aux époques où ils sont voyageurs et de passage. Rarement, ceux qui sont sédentaires tombent dans les filets des chasseurs ; je ne connais que la pipée et la traîne qui puissent offrir cet inconvénient ; elle n'a donc pas raison d'être prohibée plus que la chasse à tir ou à courre. Si elle détruit un plus grand nombre d'oiseaux que le fusil, c'est qu'elle opère sur des quantités de *petits* bien plus grandes; mais comme, en résumé, il faut cinquante pièces de petit gibier pour être l'équivalent d'une pièce de gros, l'importance en valeur et en poids est à peu près la même.

La chasse au filet se pratique sur une très-grande échelle dans les pays voisins, et plusieurs préfets, mieux renseignés et mieux avisés que les autres, ont cru pouvoir l'autoriser dans leurs départements sans inconvénient, comme donnant satisfaction à un besoin exprimé par l'agriculture, et comme donnant un produit qui, par son importance, n'est pas à négliger. Ainsi, sans aller hors de France, la chasse au filet des Alouettes est autorisée dans plusieurs départements, notamment dans la Gironde, où elle est considérée, pour ainsi dire, comme une chose d'utilité publique, et recommandée par le Conseil général.

La pantène ou panneau, grand filet qui se tend à l'entrée des bois, autorisée dans quelques départements, prend une grande quantité de Grives qui viennent se vendre sur nos marchés; et les habitants de ces contrées peuvent garantir leurs vignes de la déprédation, plus heureux en cela que les habitants du Beaujolais, qui voient ces voleurs ailés protégés par la loi.

Nos halles reçoivent journellement une immense quantité d'oiseaux pris à l'aide de filets, en Suisse, en Allemagne, en Italie et jusqu'en Hollande et en Hongrie. Dans le Frioul et dans la province de Bergame, la chasse au filet est une véritable industrie et la source d'un certain commerce. Il y a des marchés où l'on trouve tout ce qui a rapport à la chasse : tels que filets, nappes, engins pour rocolo, chanterelles, cages de toutes espèces, appâts-graines, insectes et pâtes préparées pour la nourriture des oiseaux, et jusqu'à des sacs d'œufs de fourmis séchés au four pour la nourriture des jeunes Faisans et Perdrix.

En Hollande, la chasse aux très-petits oiseaux se fait sur une grande échelle, et la consommation des Mauviettes y est très-considérable. A l'entrée de l'hiver, les Roitelets y sont pris en si grand nombre, qu'on les vend en sacs, et ces petits oiseaux, dont la grosseur ne dépasse pas celle d'une grosse noisette, sont à cette époque tellement dodus et potelés, qu'ils portent avec eux la graisse nécessaire à leur assaisonnement.

Je crois avoir suffisamment établi qu'en envisageant la question sans parti pris, et en se rendant compte de l'effet que peut produire la chasse au filet relativement à la multiplication des petits oiseaux, on arrive naturellement à cette conclusion : c'est qu'il n'y a pas de raison pour interdire l'usage des filets plus que celui du fusil.

Quant aux secondes raisons mises en avant, malheureusement il ne suffit pas d'avoir combattu les erreurs accréditées et d'en avoir fait justice ; mais le plus grand obstacle aux meilleures causes sont les préjugés et les idées passionnelles qui ont un certain attrait pour les imaginations poétiques. Depuis quelques années, les poëtes, les femmes et tout ce qui a l'âme un peu tendre, se sont épris de ces pauvres petits êtres ailés sans défense, qui n'ont jamais fait de mal apparent à personne, et qui, créatures que Dieu a mises sur terre pour l'agrément des

hommes, ont droit à sa protection sans
jamais pouvoir lui être utile. L'homme
est né bon, a dit J. J. Rousseau, et cet
aphorisme, qui est loin d'être toujours
vrai, l'a été lorsqu'il s'est agi des petits
oiseaux. Chacun a voulu les défendre;
les uns par leurs écrits, l'autorité par
ses lois, et jusqu'aux ministres de la reli-
gion dans leurs mandements.

La défense des petits oiseaux est de-
venue une mode; chacun s'est accoutumé
à considérer le chasseur au filet comme
un fléau de la société, détruisant les
protecteurs de l'agriculture, et étant la
cause indirecte des mauvaises récoltes;
or, comme il ne s'est trouvé personne
pour oser défendre ces pauvres diables
et leur industrie, chacun est venu jeter
sans danger sa pierre, pour achever le
martyr; car on a oublié que de nombreux chasseurs au filet nourrissaient
leur famille du gain que leur apportait
chaque année cette manne que la Providence leur envoyait du haut des airs;
et en protégeant outre mesure la vie

des oiseaux de passage, êtres assez peu intéressants au fond, on a compromis, dans une certaine mesure, l'existence de pères de famille qui méritaient un peu plus d'égards, et qui avaient toujours vécu de cette industrie, qui, après tout, est une récolte comme une autre.

Je sais que bien des gens refuseront encore de se rendre à l'évidence, et qu'ils repousseront toute mesure pouvant atteindre l'existence de leurs chers protégés, oubliant que la Providence, en nous envoyant ces myriades d'oiseaux voyageurs, comme elle nous envoie des bancs de poissons migrateurs, nous indique que les Grives, Cailles et Becs-figues sont destinés à l'alimentation des hommes, tout comme les harengs, les maquereaux et les morues, que les poëtes n'ont pas chantés, il est vrai, et que les écrivains n'ont jamais défendus.

Cette sensiblerie à l'endroit des petits oiseaux est tellement chose de convention, que celui qui les défend si ardemment, eux dont l'innocence et la grâce le touchent, ne s'apitoie nullement sur le sort de ces milliers de moutons, emblèmes de la douceur et de l'innocence, que l'on égorge cependant tous les jours pour l'alimentation des hommes ; et je ne sais si tel qui mange avec plaisir une longe de veau, ou une blanquette d'agneau, sans compatir au sort malheureux de ces innocentes bêtes arrachées aux tendresses de leurs mères éplorées, ne mangerait pas avec la même indifférence, et peut-être plus de plaisir, un pâté d'Alouettes de Pithiviers, ou même, jetant un voile sur des souffrances bien plus grandes, ne se régalerait pas d'une terrine de foie de ces malheureuses Oies, qui sont aussi victimes d'un appétit plus raffiné, il est vrai, mais qui a bien sa raison d'être. La Société protectrice des animaux elle-même, a, dit-on, fait taire ses scrupules et a fermé les yeux sur les souffrances des sauveurs du Capitole, pour ne pas priver les gourmets, faisant partie de ses membres, des produits si renommés des artistes strasbourgeois.

Il est facile de voir jusqu'où nous mè-
nerait une sensiblerie sans raison à l'endroit des souffrances des animaux que
nous consommons; et si on se laissait
aller sur cette pente, on arriverait néces-
sairement à cette conclusion : que les
Indiens, qui ne mangent aucun être ayant
eu vie, sont tout à fait dans la voie de
la saine morale et de la vérité.

Nous devons donc, tout en conciliant
les exigences de l'alimentation animale
dont nous sommes arrivés à ne pouvoir
nous passer, nous soumettre à celles de
la pitié et de l'humanité; et si nous
sommes obligés de nous nourrir de la
chair des animaux, nous devons éviter
de rendre leur mort douloureuse et
cruelle sans nécessité, mais notre sensi-
bilité ne doit pas aller jusqu'à nous priver d'une ressource que la Providence
nous envoie.

Que conclure de ce qui précède, si ce
n'est :

1° Que la chasse au filet ne peut pas
plus diminuer le nombre des oiseaux de

8

passage, que le pêcheur ne pourrait épuiser les bancs de harengs qui passent près de nos côtes ;

2° Que cette chasse ne s'attaquant qu'aux oiseaux de passage, ne diminue en rien le nombre de ceux qui sont sédentaires ;

3° Que les oiseaux de passage, loin d'être utiles à l'agriculture, lui sont au contraire souvent très-nuisibles par leurs déprédations ;

4° Que puisque la loi accorde protection au gros gibier dans l'unique but d'en ménager l'usage, mais non de l'interdire, la protection qu'elle accorde au petit gibier ne doit pas dépasser le but, en en interdisant l'usage, ce qui prive inutilement la société d'une alimentation aussi utile que recherchée ;

5° Que la chasse étant permise dans les pays voisins, et même dans plusieurs départements, il n'y a pas de raison pour laisser traverser nos contrées par le gibier qui va se faire prendre ailleurs, pour ensuite être vendu sur nos marchés ;

6° Qu'enfin, le petit gibier est une manne céleste que la Providence nous envoie pour que nous en fassions usage.

En conséquence, je demande que la Société veuille bien nommer une Commission prise dans son sein, pour avoir, si elle le juge convenable, à présenter à M. le Préfet une demande tendant à rétablir la chasse au filet dans le département du Rhône, sauf à fixer dans quelles conditions et à quelles époques elle pourrait se pratiquer.

La Commission, composée de sept membres, conformément aux conclusions qu'on vient de lire, exprima les vœux suivants par l'organe de M. Mulsant, son rapporteur :

1° Faire exercer, par les gardes champêtres, une surveillance plus active, pour empêcher la destruction des nids d'oiseaux ;

2° Permettre, à dater du 1er septembre jusqu'au 1er mars de chaque année, la chasse aux oiseaux de passage, soit à l'aide de filets, soit à l'aide de tous autres engins;

3° Assujettir cette chasse au filet à un permis, et n'en accorder l'exercice qu'aux possesseurs des champs sur lesquels elle peut avoir lieu, ou aux personnes auxquelles les propriétaires en auraient accordé le droit par écrit.

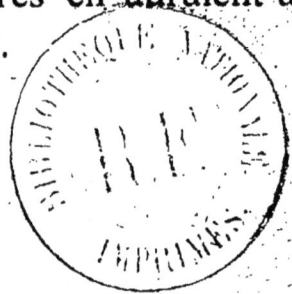

TABLE

———

EXTRAIT DU CATALOGUE DE LA LIBRAIRIE

Alouette. — De la chasse de l'alouette au miroir avec le fusil, par Nérée Quépat. 1 vol. in-18, orné de gravures.   1 fr. 50

Bécasse. — Le chasseur à la bécasse, par Polet de Faveaux (Sylvain). 1 vol. in-18, orné de figures dans le texte.   3 0

Cailles, Perdrix, Colins ou Cailles d'Amérique. — Guide pratique pour les élever, etc., par Allary. Edition augmentée d'un chapitre sur l'*Incubation artificielle*, par A. Leroy. 1 vol. in-18. Fig.   1 50

Chasse. — Carnet de chasse, in-18 oblong, cartonné, toile anglaise.   2 50

Chasse. — Pratique de la chasse, par J.-A. Clamart, 2ᵉ édition, 1 vol. in-18, figures de Ch. Jacque, Pizetta, Yan d'Argent, etc.   3 50

Chasse à courre et à tir. — Nouveau traité, par le baron de Lage de Chaillou, A. de la Rue et le marquis de Chenville. 2 vol. in-8 avec figures dans le texte par Ch. Jacque, Pizetta, Yan d'Argent, etc.   20 fr.
Le même, imprimé sur papier vergé.   40 fr.

Chasse à tir et à courre. — Du droit de suite et de la propriété du gibier tué, blessé ou poursuivi, par Alexandre Sorel, juge au tribunal civil de Compiègne, etc., 2ᵉ édition mise au courant de la jurisprudence. 1 vol. in-18. (*Sous presse.*)

Chasse au chien d'arrêt. — Gibier à plumes, par Chenu. 1 vol. in-18 ; orné de 89 planches et 19 vignettes représentant 300 sujets divers.   3 50

Chasse aux chiens courants ou **Vénerie normande** (*l'École de la*), par Leverrier de la Conterie. 1 vol. in-8.   6 fr.

Chasse de Gaston Phœbus (*La*), comte de Foix, envoyée par lui à messire Philippe de France, duc de Bourgogne, collationnée sur un manuscrit ayant appartenu à Jean Iᵉʳ, comte de Foix, avec des notes et la vie de Gaston Phœbus, par Joseph Lavallée, 1854. 1 vol. in-8, orné de 13 figures.   20 fr.

Chasse royale (*La*), divisée en quatre parties qui contiennent les chasses du Cerf, du Lièvre, du Chevreuil, du Sanglier, du Loup et du Renard, etc., par messire Robert de Salnove. 1 vol. grand in-8, papier fort.   25 fr.
Le même, papier ordinaire.   15 fr.

Chasse aux petits oiseaux. — Manuel du tendeur, par Crahay, 2ᵉ édition. 1 vol. in-18 orné de figures.   1 50

Chasseurs. — Conseils aux chasseurs. Manière de peupler et d'entretenir une chasse de menu gibier ; élevage du gibier, etc., par Bemelmans. 1 vol. in-18 avec figures.   3 50

Chasseur infaillible. — Le chasseur infaillible ; guide complet du sportsman, contenant l'usage du fusil, le tir, le vol des oiseaux, le dressage des chiens, par Marksman. traduit de l'anglais, sur la 3ᵉ édition, par Ch. Kendoel, augmenté d'un appendice sur le tir des oiseaux de marais et du gibier de mer. 1 vol. in-18 avec figures.   3 50

Cheval. — Production, élevage et dressage du cheval, par Ephrem Houel. 1 vol. in-18.   1 50

Cheval. — Manuel hippique sommaire de l'éleveur cultivateur, par Paul Basserie, officier de cavalerie, 2ᵉ édit. 1 vol. in-18.   1 fr

Chevaux. — Conseils aux acheteurs de chevaux, ou Traité de la conformation extérieure du cheval, avec des instructions pour l'appréciation, avant la vente, des vices, défauts, affections, etc.; suivi de la loi sur les vices rédhibitoires et la garantie du vendeur, par John Stewart; traduit de l'anglais par le baron d'Hanens. 1 vol. in-18 avec figures. 3 50

Chevaux. — Conseils aux éleveurs de chevaux, par Charles du Hays. 1 vol. in-18 avec figures. 3 50

Chevaux de chasse. — Leur condition en France, par le comte Le Couteulx de Canteleu, 2e édition. 1 vol. in-18. (Sous presse.) . . . 1 fr.

Chiens. — Les maladies des chiens et leur traitement, par Hertwig, 2e édition. 1 vol. in-18. . . . . 3 50

Chien de chasse (Du). — Chiens d'arrêt, espèces et variétés, élevage, nourriture, maladie, éducation, dressage, extrait du *Nouveau Traité des chasses à courre et à tir*. 1 vol. in-18 orné de 15 figures. 2 50

Le même, imprimé sur papier vergé. . . . . 5 fr.

Chien de chasse (Du). — Chiens courants, espèces et variétés, élevage, hygiène, nourriture, maladies, éducation, dressage, extrait du *Nouveau Traité des chasses à courre et à tir*. 1 vol. in-18 orné de 17 figures et d'un plan de chenil chromo-lithographié. 3 50

Le même, imprimé sur papier vergé. . . . . 7 fr.

Coq de bruyère (La Chasse au). — Histoire naturelle, mœurs, lieux habités par ces oiseaux. L'art de les chercher, de les tirer, de les élever en volière, par Léon de Thier. 1 vol. in-18 avec fig. 2 50

Écurie. — Économie de l'Écurie. Traité de l'entretien et du traitement des chevaux (écurie, pansage, nourriture, boisson, travail), par John Stewart, traduit de l'anglais sur la 7e édition par le baron d'Hanens. 1 vol. in-18 orné de 20 figures. 3 50

Faisan. — Du faisan considéré dans l'état de nature et dans l'état de domesticité, par Léon Bertrand. Traité suivi d'instructions pratiques pour l'établissement d'une faisanderie et l'éducation des faisans, par A. Rouzé, ex-garde faisandier. 1851. Brochure in-8 de 32 pages, fig. 3 50

Faisans, Canards mandarins, Cygnes, etc. — Guide pratique pour les élever, par Arthur Legrand. 1 vol. in-18 avec fig. . . . . 2 fr.

Faisans et Perdrix. — Alimentation publique; repeuplement des chasses; agrémentation des habitations. Nouvelle méthode d'élevage, par E. Leroy. 1 vol. in-18 de 176 pages, accompagné de 6 planches. 3 50

Oiseaux de volière (Manuel de l'amateur des), ou Instruction pour connaître, élever, conserver et guérir toutes les espèces d'oiseaux que l'on aime à garder en volière ou dans la chambre, par Bechstein. *Nouvelle édition.* 1 vol. in-18, orné de fig. dans le texte. 3 50

Vénerie. — Traité de Vénerie, par d'Yauville. 1859. 1 vol. gr. in-8, papier vélin, orné ne 4 grandes gravures hors texte, de 9 fig. médaillons et accompagné de 42 fanfares. . . . . 25 fr.

Paris. — Impr. Viéville et Capiomont, rue des Poitevins, 6.

ENCYCLOPÉDIE ILLUSTRÉE DU SPORTMAN

Paris. — Imprimerie VIEVILLE et CAPIOMONT, rue des Poitevins, 6.